Dieter Hasemann

FEUERWEHR KLASSIKER

DIE GESCHICHTE DER MAN-FEUERWEHRFAHRZEUGE

Dieter Hasemann

FEUERWEHR KLASSIKER

DIE GESCHICHTE DER MAN-FEUERWEHRFAHRZEUGE

Motorbuch Verlag Stuttgart

Einbandgestaltung: Johann Walentek unter Verwendung einer Vorlage des Autors

FOTONACHWEIS:
MAN Nutzfahrzeuge AG: S. 11, 16, 17, 19, 20,
21, 24, 90, 92, 102, 113, 116, 126, 136 / Metz GmbH: S. 23, 29,
30, 36, 37, 39, 43, 44, 45, 47, 48, 74, 77
Albert Ziegler GmbH: S. 42, 61, 120 / FGL GmbH: S. 95
Iveco Magirus AG: S. 6, 13, 28 / Haller GmbH: S. 26
Tony Brändle AG: S. 115 / ÖAF-Gräf & Stift AG: S. 99
Rosenbauer AG: S. 88, 96, 118 / Theodor Marte: S. 100, 110
WF BASF: S. 96, 97 / WF Bayer: S. 73
BF Antwerpen: S. 40, 69
BF Augsburg: S. 18 / BF Chemnitz: S. 6, 9, 15
BF Nürnberg: S. 31 / Oldtimerfreunde Donaualtheim: S. 49
Hans-Joachim Profeld: S. 138 / Steve Greenaway: S. 86
Udo Paulitz: S. 22, 33, 38 / Andreas Ahrens: S. 131
alle übrigen Fotos sind vom Autor.

Allen Leihgebern sei sehr herzlich für ihre freundliche
Unterstützung und Mithilfe gedankt.

ISBN 3-613-01591-9

1. Auflage 1994
Copyright © Motorbuch Verlag, Postfach 103743, 70032 Stuttgart.
Ein Unternehmen der Paul Pietsch Verlage GmbH + Co.
Sämtliche Rechte der Speicherung, Vervielfältigung und Verbreitung sind vorbehalten.
Satz: Alber Fotosatz GmbH, 74385 Pleidelsheim.
Reproduktion: DIE REPRO, 71732 Tamm.
Druck: Gulde-Druck, 72070 Tübingen.
Bindung: E. Riethmüller, 70176 Stuttgart.
Printed in Germany.

Inhalt

Die erste Drehleiter auf einem Fahrgestell von MAN-Saurer: Magirus DL 25 für die BF Chemnitz, gebaut 1916.

Die erste Überlandmotorspritze für Chemnitz wird 1920 bei Flader in Jöhstadt gebaut. Auffallend sind die drei großen Schlauchhaspeln für insgesamt 1200 m Schlauchstrecke.

I. DIE ANFÄNGE

Die Entwicklung des Fahrzeugbaus bei MAN und die frühen Feuerwehrfahrzeuge

Lange bevor in Nürnberg die ersten Lastwagen mit dem MAN-Zeichen die Werkstore verlassen, beginnt die für die deutsche Industriegeschichte so bedeutende Entwicklung der Maschinenfabriken in Augsburg und Nürnberg.

Man schreibt das Jahr 1840, als Ludwig Sander, Carl Buz und Carl August Reichenbach in Augsburg eine Maschinenfabrik gründen. Die industrielle Revolution hat auch Deutschland erfaßt, und der Bedarf an Maschinen ist groß, deshalb konstruiert und baut man in Augsburg hauptsächlich Dampfmaschinen und Dampfkessel.

Nur wenig später, im Jahr 1841, wird in Nürnberg eine weitere Maschinenfabrik aus der Taufe gehoben: die Firma Klett. Johann Friedrich Klett hat seit 1835 aufmerksam die Einführung der Eisenbahnen in Deutschland verfolgt. Er entschließt sich, an dieser Erfolgsgeschichte teilzunehmen und vorrangig Eisenbahnwagen zu bauen, später auch anderes »Eisenbahnzubehör« wie Signale, Brücken und ähnliches.

1860 ist das Gründungsjahr der dritten Maschinenfabrik im zukünftigen MAN-Verbund. In Gustavsburg bei Mainz entsteht ein Werk, das sich auf dem Gebiet des Kran- und Brückenbaus einen guten Namen macht.

Hier ist es auch, wo der spätere Generaldirektor der MAN, Anton von Rieppel, seine berufliche Laufbahn beginnt. 1888 wird von Rieppel dann als technischer Leiter nach Nürnberg verpflichtet, und 1892 wird er in der »Maschinenbau Aktiengesellschaft Nürnberg«, wie die ehemalige Firma Klett nun heißt, mit der Gesamtleitung der Fabrik betraut.

Von Rieppel stellt die Verbindung zur »Vereinigten Maschinenfabrik Augsburg« her, und es ist wohl seinem Geschick zu verdanken, daß sich die beiden Maschinenbauwerke in Augsburg und Nürnberg 1898 zusammenschließen. Den Namen »Maschinenfabrik Augsburg-Nürnberg AG« (M.A.N.) erhält der Konzern offiziell erst ab 1908.

Rund 10.000 Arbeiter sind um 1910 bei der MAN beschäftigt. Die Produktionspalette zu jener Zeit umfaßt die Bereiche Brückenbau, Eisenhochbau, Kräne, Dampfmaschinen, Dampfkesselbau, Dampfturbinen, Dieselmotoren, Eisenbahnwagen und Druckmaschinen.

Bereits damals spielt Anton von Rieppel mit dem Gedanken, Lastwagen zu bauen. Sein berühmt gewordener Ausspruch: »Die MAN muß auf Räder gestellt werden«, stammt aus dieser Zeit. Doch die Realisierung dieses Wunsches wird noch ein paar Jahre dauern. Erst der Beginn des 1. Weltkrieges 1914 schafft die Voraussetzung für eine LKW-Produktion.

Die Heeresführung stellt schon kurz nach Ausbruch des Krieges fest, daß die vorhandenen Lastwagen keinesfalls ausreichen, um größere Truppenkontingente zu transportieren oder zu versorgen. Deshalb ergeht ein Aufruf an alle Automobilhersteller und Maschinenbauer, die LKW-Produktion zu intensivieren bzw. neu aufzunehmen.

Anton von Rieppel ergreift noch im Dezember 1914 die Initiative und nimmt mit dem angesehenen Schweizer Unternehmer Adolph Saurer Kontakt auf. Von Rieppel schwebt vor, die Saurer-LKW in Lizenz in Nürnberg herzustellen.

Seit 1902 baut Saurer bereits erfolgreich Lastwagen und verkauft sie in viele Länder, sogar in die USA. Die Saurer-Fahrzeuge haben einen hervorragenden Ruf, und nicht wenige halten sie gar für die besten ihrer Zeit.

1910 errichtet Saurer in Lindau – am gegenüberliegenden Bodenseeufer des Stammwerkes Arbon – ein Zweigwerk, um den wichtigen deutschen Markt besser bedienen zu können.

Eine Folge dieses Engagements ist der erste Großauftrag einer deutschen Feuerwehr. In den Jahren 1911 bis 1914 wird die BF München vollständig motorisiert. Den Zuschlag über 18 Fahrgestelle erhält Saurer. Im einzelnen sind dies: acht Automobilspritzen, sechs Kaiser-Drehleitern, zwei Mannschaftswagen, ein Schlauchwagen und ein sogenannter Übungswagen, alle von der »Königlichen Hofwagenfabrik Mössbauer« auf Zweitonner und Dreieinhalbtonner von Saurer aufgebaut. In der einschlägigen Fachliteratur werden diese Fahrzeuge häufig als MAN-Saurer bezeichnet, doch gibt es 1913/14 noch gar keine Lastwagen von MAN!

Einige der Münchner Fahrzeuge stehen auch in den 30er Jahren noch im Einsatzdienst, jedoch ist offenbar keines bis in die Gegenwart erhalten geblieben. Es gibt allerdings in der Schweiz noch ein Saurer-Feuerwehrfahrzeug aus dem Jahre 1914. Es ist eine Magirus DL 24, die bis 1964 (!) bei der Feuerwehr St. Gallen eingesetzt wurde.

Auch die BF Chemnitz ordert 1913 einen Löschzug auf Saurer-Chassis. Die Firma Flader baut zwei Spritzenfahrzeuge und Kaiser liefert eine Drehleiter,

identisch mit den Modellen für München. Als sich Anton von Rieppel und Adolph Saurer Anfang Januar 1915 erstmals treffen, um über die künftige Zusammenarbeit zu sprechen, macht Saurer deutlich, daß er keinesfalls ein Lizenzabkommen abschließen will. Vielmehr stellt er sich ein Gemeinschaftsunternehmen vor, bei dem MAN und Saurer gleichberechtigte Partner sind. Desweiteren besteht er darauf, daß die künftige LKW-Schmiede ein rein deutsches Unternehmen sein müsse. Dafür gibt es gute Gründe.

Saurer läßt sich auf ein nicht ungefährliches Doppelspiel ein. Noch aus der Vorkriegszeit besitzt Saurer in Paris eine Fabrik, in der monatlich 30 bis 35 Lastwagen produziert werden, unter anderem für die französischen Armee. Würden nun die Franzosen erfahren, daß die »neutralen« Schweizer auch bei den Feinden in Deutschland Lastwagen bauen, würden sie vermutlich Saurers Fabrik requirieren. Skrupel, beiden Kriegsparteien Militärlaster zu verkaufen, kommen Saurer offenbar nicht. Nur das Geschäft zählt!

Ziemlich rasch können sich von Rieppel und Saurer, trotz der komplizierten Unternehmensstruktur, einigen, und im Frühjahr 1915 werden die ersten Verträge unterzeichnet. Zunächst wird eine GmbH gegründet (MAN-Kraftwagenwerke), wenig später eine Kommanditgesellschaft (MAN-Lastwagenwerke KG) mit den Komplementären »MAN-Kraftwagenwerke« und »Bayrische Discont- und Wechselbank AG«, einer Tarngesellschaft von Saurer.

Das Datum der Eintragung der Kommanditgesellschaft, der 12. Juli 1915, ist auch das Datum für den Beginn der Lastwagenproduktion bei MAN.

Obwohl sich die Firma Saurer bei den Gesellschafterverträgen völlig bedeckt hält, tritt sie nach außen gänzlich offen auf. Die Lastwagen heißen generell MAN-Saurer, und auch im ersten Firmenprospekt von Ende 1915 ist von den Lastwagenwerken MAN-Saurer die Rede.

Die Produktion beginnt im Sommer 1915 im Werk Lindau, wird aber schon in den folgenden Monaten nach Nürnberg verlagert, so daß das Werk Lindau bereits im November 1916 verkauft werden kann. Im Herbst 1915 sind in Nürnberg erst ein Meister und 40 Arbeiter mit der LKW-Montage beschäftigt, im Juni 1916 sind schon 15 Meister, 63 gelernte Arbeiter und 98 Hilfsarbeiter bei der Arbeit. Die Produktion 1915 beläuft sich auf 118 Lastwagen aus dem Werk Lindau und fünf Wagen aus dem Werk Nürnberg. Zusätzlich werden 153 Fahrgestelle aus der Saurer-Fabrik in Arbon importiert und in

Deutschland verkauft. Die Motoren stammen anfangs komplett aus Arbon, erst ab 1917 werden auch in Nürnberg Motoren gefertigt.

Das erste Fahrzeugangebot für 1915/16 umfaßt vier LKW-Typen und drei Motorvarianten. Die kleinen Zweitonner und Dreieinhalbtonner sind mit Kardanantrieb versehen, die großen Viertonner und Fünftonner haben Kettenantrieb. Für alle vier Chassis stehen die Vierzylinder-Saurermotoren mit 30 PS, 36 PS und 45 PS zur Verfügung. Die Höchstgeschwindigkeiten werden in zeitgenössischen Prospekten mit 30 km/h für die kleinen Fahrzeuge und

18 km/h für den schweren Fünftonner angegeben. Beliefert wird natürlich in erster Linie das Militär, doch auch zivile Einrichtungen stehen auf der Kundenliste, zum Beispiel die städtischen Elektrizitätswerke in Berlin, das Hofbräuhaus in Coburg, die Nedlinger Mühlenwerke und die Berliner Kunstfeuerwerkerei. Und selbstverständlich gehören auch die Feuerwehren zu den frühen Abnehmern von Fahrgestellen aus den MAN-Saurer Lastwagenwerken.

Welches nun das allererste Feuerwehrauto auf MAN-Saurer gewesen ist, bleibt unklar. Möglicherweise ist es die Magirus-Drehleiter für die BF Chemnitz, vielleicht auch jene Automobilspritze, von der es zwei sehr schöne Fotos im Archiv der MAN gibt, leider jedoch ohne Beschriftung. Der Dreieinhalbtonner ist einmal mit und einmal ohne Mannschaft fotografiert, doch läßt sich nicht feststellen, um welche Feuerwehr es sich handelt. Auch ist der Aufbau- und Pumpenhersteller nicht bekannt. So bleibt die Geschichte der ersten MAN-Automobilspritze weiterhin im dunkeln.

Weitaus besser dokumentiert ist das erste Leiterfahrzeug auf MAN-Saurer. Bereits im Sommer 1915 bestellt die BF Chemnitz bei MAN-Saurer einen Dreieinhalbtonner des Typs A mit Kardanantrieb. Ende 1915 wird das Fahrzeug vermutlich direkt vom Werk Lindau zu Magirus nach Ulm überführt. Bei Magirus wird eine vierteilige, 25 m hohe Drehleiter aus Kiefernholz mit Flacheisenverspannung auf das Chassis montiert und am 21.3.1916 an die Chemnitzer Feuerwehr ausgeliefert.

Das 5755 kg schwere Fahrzeug ist gleich in mehrfacher Hinsicht von Bedeutung. Abgesehen von der Tatsache, daß es das erste MAN-Drehleiterfahrzeug ist, ist es die erste deutsche Drehleiter, bei der alle Bewegungen (Drehen/Aufrichten/Ausziehen) vom Fahrzeugmotor angetrieben werden. Bislang sind bei Drehleitern die drei Bewegungsarten üblicherweise mittels Kohlensäurezylinder, Elektro-

motor oder per Hand bedient worden. Magirus hat schon vor Kriegsbeginn mit neuen Antriebsformen experimentiert, doch ist die Drehleiterproduktion während des Krieges fast zum Stillstand gekommen. 1915, 1916 und 1917 werden nur jeweils zwei Leitern gebaut, 1918 entsteht überhaupt keine. Erst 1920 beginnt die Herstellung wieder in nennenswertem Umfang. So bleibt die Leiter für Chemnitz mit der Baunummer 63 (die 63. Magirus-DL auf Automobilchassis) vorläufig ein Einzelstück. Ab 1920 baut Magirus das neue Drehleitergetriebe K 16 serienmäßig.

Bedingt durch den Krieg verzögert sich die vollständige Motorisierung der BF Chemnitz, die eigentlich schon 1914 abgeschlossen sein sollte. Nach der zweiten Automobildrehleiter von 1916 wird wenige Monate später eine weitere Motorspritze beschafft, wiederum ein MAN-Saurer mit einem Aufbau von Flader.

Nach Beendigung des Krieges stehen etliche Militärlastwagen zum Verkauf, und die BF Chemnitz erwirbt gleich fünf MAN-Saurer zu günstigen Konditionen. Zum Teil in Eigenarbeit, zum Teil durch die Firma Flader in Jöhstadt entstehen aus vier Chassis noch 1919 Feuerwehren: Autospritzen, Pionierwagen und Mannschaftstransporter.

Das fünfte Fahrgestell wird 1920 für ein besonderes Fahrzeug verwendet, eine sogenannte Überlandmotorspritze.

Auf den Zweitonner MAN-Saurer mit dem 45-PS-Motor des Typs AMV baut Flader einen Aufbau samt Zentrifugalpumpe (1500 l/Min) für fünf Mann Besatzung und drei große abprotzbare Schlauchhaspeln mit insgesamt 1200 m Schlauchmaterial. Das Fahrzeug wird beschafft, um die stetige Nachfrage von Freiwilligen Feuerwehren und Werkfeuerwehren nach Unterstützung in einem Umkreis von circa 30 km um die Stadt herum bedienen zu können. Allerdings muß der Hilfesuchende für diese »Überlandlöschhilfe« Gebühren entrichten.

Aus dem Jahr 1922 stammt die Autospritze der BF Augsburg, die heute zur historischen Fahrzeugsammlung der MAN gehört. Das Fahrzeug wurde sorgfältig restauriert und präsentiert sich im Originallieferzustand.

Bemerkenswert an dem Chemnitzer Fahrzeug ist die Anordnung der Sitzplätze, die nicht, wie damals üblich, seitlich auf dem Aufbau, sondern in Fahrtrichtung im Aufbau integriert und mit Seitentüren versehen sind. Damit sind die Männer wenigstens zum Teil geschützt, jedenfalls gegen Schnupfen! »Zur Vermeidung von Erkältungserscheinungen muss dieser Fürsorge erhöhte Aufmerksamkeit geschenkt werden, da nach unseren Erfahrungen Motorspritzen mit seitlich angeordneten nach außen führenden Sitzen ohne ernstliche Gesundheitsschädigungen der Bedienungsmannschaften für Überlandfahrten nicht verwendbar sind«, so die

Erklärung des damaligen Chemnitzer Branddirektors Dickow in einem Artikel der Zeitschrift *FEUER & WASSER* von 1921. An eine Dachkonstruktion für das Fahrzeug denkt hingegen zu jener Zeit noch niemand, das kommt erst Ende der 20er Jahre in Mode.

Und damit die Feuerwehr auch nicht zu schnell am Einsatzort ist, erhält das Fahrzeug eine besondere Vorrichtung: »Der ebenfalls patentierte Geschwindigkeitsbegrenzer verhindert zudem noch das überschnelle Fahren durch die Kraftwagenführer.«

Ein mit der Chemnitzer Überlandmotorspritze fast baugleiches Fahrzeug stellt Flader 1921 auf der

Automobilausstellung in Berlin aus. Lediglich ein zusätzliches Gerüst für Steckleitern ist auf den Aufbau montiert. Das Fahrzeug geht nach der Messe an den Auftraggeber, die Werkfeuerwehr der Deutschen Erdöl Aktiengesellschaft (DEA) in Altenburg.

1922 erwirbt Chemnitz ein zweites Exemplar der Überlandspritze, da sich das erste Fahrzeug bestens bewährt hat und die zahlreichen »Aufträge« zur Überlandlöschhilfe eine Kapazitätserweiterung verlangen.

Nachdem die BF Chemnitz 1922 eine weitere Autospritze und eine Magirus DL 30 kauft, befinden sich nunmehr 12 MAN-Saurer im Fuhrpark, und zusätzlich die drei alten Saurer von 1913 sowie einige Personenwagen von NSU und Presto. Damit hat Chemnitz endlich alle vier Löschzüge vollständig motorisiert, außerdem besitzt man die größte MAN-Flotte von allen deutschen Feuerwehren.

1924-26 kommen noch drei außergewöhnliche Fahrzeuge hinzu.

Es sind die einzigen bekannten bei einer Feuerwehr eingesetzten MAN-Krankenwagen. Aus Heeresbeständen erwirbt Chemnitz 1924 einen MAN-Sanka und rüstet ihn in der eigenen Werkstatt um. Zwei weitere Fahrzeuge der gleichen Ausführung werden 1925 und 1926 beschafft, wobei es unklar ist, ob auch diese Fahrzeuge vom Heer gebraucht gekauft werden oder ob es fabrikneue Lastwagen sind. Der spätere Branddirektor Schultz beschreibt 1926 in einem Artikel die Vorzüge der MAN-Krankenwagen: »1. Ein schweres Fahrzeug gibt, eine geeignete weiche Federung vorausgesetzt, am ehesten die Gewähr für eine erschütterungsfreie Fahrt auf schlechter Strasse, ein Umstand, der für jeden Krankenwagen an erster Stelle steht. 2. Ein 40 PS-Motor verfügt über hinreichende Kraftreserve, um auch Berge ohne Umschalten fahren zu können. Des öfteren wird ein Krankenwagen auf schlechter Strasse und bei der Beförderung eines Schwerver-

letzten grosse Strecken sehr langsam fahren müssen, vielleicht mit 15-20 km Stundengeschwindigkeit. 3. Der Aufbau kann geräumig genug gehalten werden, um eine zweite Bahre aufzunehmen, ohne den Sanitäter bei notwendigen Hilfeleistungen zu behindern. 4. Ein besonderer Vorteil fahrtechnischer und betriebstechnischer Natur ist darin zu erblicken, dass seit 10 Jahren sich die MAN-Fahrzeuge bei unserer Feuerwehr vorzüglich bewährt haben und vor der Beschaffung des Krankenwagens bereits 13 MAN-Fahrzeuge im Dienst waren. Sämtliche Fahrer waren an diesen Fahrzeugen ausgebildet; die Werkstatt hatte sich für Instandsetzungsarbeiten an diesem System Sonderkenntnisse erworben und verfügte über ein grosses Ersatzteillager.«

Auch zwei bayerische Städte entscheiden sich zu Beginn der 20er Jahre für MAN-Fahrgestelle: München und Augsburg. Die Münchner haben ja bereits eine ganze Reihe Saurer-Fahrzeuge, und so ist es nur logisch, daß man bei Neuanschaffungen die baugleichen MAN favorisiert. Deshalb werden um 1920/21 etwa fünf oder sechs neue MAN geordert. Genaues ist nicht bekannt, da präzise Unterlagen nicht mehr vorhanden sind. Sicher ist, daß die BF München neben Automobilspritzen und einem sogenannten Rohrbruchwagen am 29.6.1920 auch ihre erste Magirus-Drehleiter bestellt, eine DL 28. Ein Jahr später, im Juni 1921, wird die vierteilige Holzleiter auf dem Dreieinhalbtonner von MAN ausgeliefert.

Im gleichen Monat bestellt die BF Augsburg eine DL 25 bei Magirus zu einem Preis von 280.000,-Mark, zusammen mit zwei Spritzenfahrzeugen. Am 1. April 1922 wird der erste Augsburger Automobillöschzug mit Benzinmotoren offiziell in Dienst gestellt. Die Augsburger Drehleiter unterscheidet sich vom Münchner Fahrzeug durch die Türen an der Fahrerkabine und eine rückwärtige Sitzbank für drei Feuerwehrmänner.

Die beiden Motorspritzen sind auf dem Viertonner-Chassis aufgebaut und haben einen Saurermotor mit 55 PS Leistung unter der Haube. Am Heck der Fahrzeuge befinden sich Magirus-Zentrifugalpumpen des Typs Z II/3 mit einem Ausstoß von 1000 l/Min und einer Förderhöhe von 80 m. Eines dieser beiden Fahrzeuge existiert noch heute. Ende der 30er Jahre verkauft die BF Augsburg das Fahrzeug an die Werkfeuerwehr der Kammgarnspinnerei, und dort wird es bis 1983 eingesetzt. Anschließend kommt es zu MAN, wo das kostbare Stück restauriert wird. Es gehört nun zur historischen Fahrzeugsammlung im Münchner Stammwerk. Es handelt sich dabei um den zweitältesten noch existierenden MAN-Lastwagen.

Auch die ersten Exporte von MAN-Feuerwehrfahrzeugen fallen in die beginnenden 20er Jahre. Eine Automobilspritze wird um 1922 nach Schweden verkauft, wobei der Bestimmungsort heute nicht mehr bekannt ist. Aus Chile kommt ein »Großauftrag« für Valparaiso, der zweitgrößten Stadt des Landes. Zwei Drehleitern und zwei Autospritzen werden 1921 geordert. Die Spritzenfahrzeuge auf dem MAN-Viertonner stammen von der Firma Koebe in Luckenwalde, die enge Geschäftsbeziehungen mit Südamerika unterhält. Die beiden Drehleitern werden von Magirus und von Metz geliefert. Warum beide konkurrierenden Anbieter mit Aufträgen bedacht werden, ist nicht bekannt. Magirus baut eine DL 25 und Metz eine DL 26, beide auf dem Dreieinhalbtonner des Typs 3 Zc mit dem Vierzylinder-Saurermotor (37 PS). Das Leiterfahrzeug von Magirus ist identisch mit dem Fahrzeug, welches kurz zuvor an die BF Augsburg gegangen ist.

Die chilenische Stadt Valparaiso erhält 1922 eine Magirus DL 25 auf einem MAN. Dem Vernehmen nach ist auch dieses Fahrzeug bis heute erhalten geblieben.

Auch betriebsintern tut sich einiges im Hause MAN in den bewegten Jahren nach dem Ende des Weltkrieges.

Bereits Anfang 1918 kommt es, auf Druck der deutschen Armeeführung, zu Gesprächen zwischen MAN und Saurer, die das Ziel haben, den Gesellschaftervertrag zu ändern. Saurer soll als Mitinhaber der Lastwagenfabrik aussteigen, und die MAN-Lastwagenwerke sollen ein rein deutsches Unternehmen werden. Es wird eine Vereinbarung ausgearbeitet, in der Saurer lediglich Lizenzgeber für LKW und Motoren ist. Am 1. Juli 1918 tritt der neue Vertrag in Kraft, und der Name Saurer verschwindet aus der Firmenbezeichnung. Saurer erhält eine Abfindung von 1,2 Millionen Mark sowie einen Anteil von 5% des Jahresgewinns der LKW-Produktion bis 1925.

Der Bau von Lastwagen und Motoren nach Saurer-Baumuster geht indes unvermindert weiter. Die ersten eigenen Konstruktionen von MAN lassen noch einige Jahre auf sich warten. Nach Kriegsende sinkt die LKW-Fertigung zunächst drastisch. Viele ehemalige Militärlastwagen stehen zum Verkauf, Bestellungen für fabrikneue Wagen gibt es kaum. MAN gerät, wie auch andere Fahrzeugproduzenten, in die erste schwere Krise.

1920 kommt auch das Ende einer überaus erfolgreichen Ära des Gesamtkonzerns. Anton von Rieppel scheidet aus der Firma aus, da er seine Pläne nicht weiter realisieren kann und ihn eine schwere Krankheit befällt. Im Januar 1926 stirbt der weitsichtige Industrielle, dem die Firma MAN so viel zu verdanken hat.

Unter dem Druck der wirtschaftlichen Talfahrt (die Produktion sinkt 1920 auf knapp 200 LKW) und unsicherer Zukunftsaussichten entschließt man sich bei MAN, unter Deutschlands führenden Konzernen einen potenten Partner zu suchen.

Nach etlichen vergeblichen Verhandlungen entscheidet man sich schließlich für die Gutehoff-

MAN-Anzeige in der Zeitschrift »Feuer + Wasser«, 1921

nungshütte (GHH) in Oberhausen, die mit rund 80.000 Beschäftigten zu den größten deutschen Unternehmen der damaligen Zeit gehört. Für MAN ist damit vor allem auch die Rohstoffversorgung mit Stahl und Kohle für die Zukunft gesichert. 1921 übernimmt die GHH die Aktienmehrheit bei MAN. Dies ist der Beginn einer langen und intensiven Zusammenarbeit, die 1986 ihren Abschluß in der Neugliederung und Fusion von MAN und GHH findet.

Bahnbrechendes auf dem Gebiet des Motorenbaus ereignet sich 1923/24. Doch muß man, um die Bedeutung des ersten Lastwagens mit Dieselmotor richtig einschätzen zu können, einige Jahre zurückblicken und die mühevolle Entwicklung des Motorenbaus aufzeigen.

Die Drehleiterflotte der BF Chemnitz im Oktober 1928. Vier Magirus-Drehleitern auf MAN und ein unbekanntes Fabrikat (möglicherweise eine Kieslich-Leiter) ebenfalls auf MAN. Ganz vorn steht die neueste DL 30 von 1927.

Bereits 1892 wendet sich Rudolf Diesel an die Maschinenfabrik Augsburg, um seine Erfindung des »Wärmemotors« anzubieten. Zunächst erfährt er nur Ablehnung mit der Begründung, die Idee eines solchen Motors sei nicht realisierbar. Diesel gibt jedoch nicht auf, und schließlich willigt man ein, einen Versuchsmotor zu bauen. Gleichzeitig hat Diesel auch mit Krupp in Essen verhandelt, und so schließt er 1893 gleich mit zwei Firmen Verträge zum Bau seiner Motoren ab. Die beiden Fabriken vereinbaren, um das Risiko zu vermindern, einen gemeinsamen Versuchsmotor zu bauen, und zwar im Werk Augsburg.

Schon die ersten Versuchsreihen mit dem neuen Motor scheitern an dem Problem der Kraftstoffeinspritzung. Weder die direkte noch die indirekte Einspritzung funktioniert. Doch Diesel ist von seiner Sache überzeugt, und 1896 baut er einen neuen Motor trotz der Unkenrufe der meisten Ingenieure. Nur der Vorstandsvorsitzende der Maschinenfabrik

Heinrich Buz vertraut Diesel und sollte damit richtig liegen. 1897 läuft der Motor endlich zufriedenstellend und kann die technische Abnahmeprüfung bestehen. Der erste funktionsfähige Dieselmotor der Welt ist da, und aus Nürnberg reist Anton von Rieppel an, um das Wunderding zu begutachten. Auch er ist von Diesels Arbeit angetan, und ihm schwebt schon vor, mit diesem Motor Eisenbahnen und Straßenbahnen zu bewegen.

Als die Maschinenfabriken in Nürnberg und in Augsburg 1898 fusionieren, beginnt man auch in Nürnberg mit Versuchsmotoren nach dem Dieselschen Prinzip. Ein Zweizylindermotor mit 20 PS Leistung entsteht, und man spricht etwas voreilig vom »Nürnberger Automobilmotor«. Doch die technischen Probleme mit dem Kompressor und die Abmessungen des Motors können auch durch zahlreiche Umbauten nicht aus der Welt geschafft werden. Von einem brauchbaren Automotor ist man noch weit entfernt.

15

Als festinstallierter Antrieb für Industriebetriebe läßt sich Diesels Motor Anfang des neuen Jahrhunderts bereits gewinnträchtig vermarkten.

Im Jahre 1903/04 werden in Augsburg immerhin 160 Dieselmotoren gebaut mit einer Gesamtleistung von rund 10.000 PS! Auch werden schon damals die ersten Lizenzen ins Ausland verkauft.

Diesel selbst glaubt nach wie vor daran, daß es gelingen werde, den Motor so zu konstruieren, daß er automobiltauglich wird. Er verwendet viel Zeit und eigenes Geld für die Entwicklung, nachdem ab 1907 seine Patente frei sind und er keine große Firma mehr zur Unterstützung hat.

MAN, Krupp, Daimler, Saurer und andere Maschinenbauer experimentieren unabhängig voneinander mit Diesels Konstruktionen.

Trotz aller Rückschläge, Schulden und seiner Nervenkrankheit ist Diesel auch 1912 seiner Sache noch sicher: »Ich habe immer noch die feste Überzeugung, dass auch der Automobilmotor kommen wird, und dann betrachte ich meine Lebensaufgabe als beendet«. Allerdings sollte der große Erfinder nicht mehr erleben, daß ein Auto von seinem Motor angetrieben wird. Im September 1913 scheidet ein verzweifelter und erschöpfter Mann freiwillig, unter etwas mysteriösen Umständen, aus dem Leben.

Als 1914 der Krieg beginnt, werden auch die Motorversuche der Industrie unterbrochen, und erst 1919 wird weiter geforscht und experimentiert. Da das Problem der Einspritzung des Kraftstoffs mittels Druckluft noch immer ungelöst ist, konzentriert man sich nun auf das Verfahren der Direkteinspritzung. Dieses gelingt den Ingenieuren bei MAN in Augsburg erstmals 1923 mit einem Einzylindermotor. Damit fällt der Druckkompressor weg, die Konstruktion wird kleiner und einfacher und die Lei-

Stolz präsentieren die Männer der Feuerwehr Gera ihre neue Autospritze. Der 1928 gebaute MAN ist eines der ersten Feuerwehrfahrzeuge in Deutschland mit geschlossener Mannschaftskabine.

1927 baut Metz eine DL 26 auf MAN 3 Zc für die Feuerwehr Gera.

stung wird erhöht. Entsprechend bauen die MAN-Techniker noch 1923 einen Vierzylindermotor (W4V 10/18) und erreichen bei einem erfolgreichen Probelauf 40 PS bei 900 U/Min. Dieser Motor wird in einen Viertonner mit Kettenantrieb eingebaut und von Augsburg ins Werk Nürnberg gefahren. Für die 155 km braucht der Lastwagen fünfeinhalb Stunden, und erstmals rollt damit ein Dieselmotor über die Straße.

Schon im August 1924 beginnt die Serienfertigung des MAN-Dieselmotors W4V 11/18 in kleinem Umfang, und im Dezember 1924 präsentiert MAN auf der Automobilausstellung in Berlin seine ersten Diesel-Lastwagen einer interessierten Öffentlichkeit. Der MAN W4V 11/18 hat einen Hubraum von 7479 cm³ und leistet 40 bis 45 PS bei 1000 U/Min. Ge-

baut wird dieser erste serienreife Vierzylinder-Fahrzeugdiesel von 1924 bis 1932. Erster Kunde ist die bayerische Postverwaltung, die sogleich einige Exemplare zum Einbau in ihre Busse erwirbt.

Für MAN beginnt ab 1925 eine ganz neue Ära. Erstmals werden neben Dieselmotoren auch neue Lastwagen vorgestellt, die im eigenen Hause konstruiert worden sind. Es beginnt mit einem neuen Fünftonner, dem Modell 5 KVB/4, der einen modernen Kardanantrieb hat, auf Luftreifen läuft und sich rasch zum erfolgreichsten MAN-Lastwagen entwickelt.

Es stehen den Fuhrunternehmern nunmehr ein Dieselmotor mit 40 bis 45 PS zur Verfügung oder die neuen Ottomotoren mit 45 bis 73 PS. Schon dieses LKW-Modell verfügt über die bei MAN für viele

Jahre charakteristische eckige Kühlerhaube. Ebenso typisch ist die neue Hinterachskonstruktion, bei der die Tragachse vom dahinterliegenden Antrieb getrennt ausgeführt ist.

Einige Monate später folgen neue Sechstonner mit zwei und erstmals drei Achsen, außerdem die ersten Sechszylindermotoren nach eigener Konstruktion mit 80 PS, 100 PS und 120 PS Leistung.

Lediglich bei den kleinen Lastwagen, den Zweitonnern und Dreieinhalbtonnern, bleibt man bis zum Ende der 20er Jahre bei den alten Saurer-Typen. Deshalb wird der 1925 auslaufende Lizenzvertrag noch einmal verlängert. Und es sind weitgehend auch nur diese kleinen LKW, die von deutschen Feuerwehren beschafft werden, wenngleich es nach der erfolgreichen Periode zu Beginn der 20er Jahre nur noch vereinzelt zu Auslieferungen kommt.

Neben der BF Chemnitz, die nach den drei Krankenwagen 1927 ihren letzten MAN kauft – wiederum eine Magirus DL 30 –, werden MAN-Feuerwehrfahrzeuge unter anderem in Gera, Nürnberg und Pforzheim eingesetzt.

Auch die BF Augsburg beschafft 1927 und 1928 neue MAN-Fahrzeuge. Zunächst wird ein sogenannter Mannschafts- und Tiertransportwagen in Dienst gestellt. Auf einen 2,5tonner mit 55-PS-Motor bauen die Wehrmänner in Eigenarbeit, nach Plänen des Werkmeisters Schuster, einen Holzaufbau, der sowohl dem Transport toter Tiere dient als auch dem Transport von Feuerwehrmännern und Polizisten!

Trotz mehrerer Beschwerden ist es der Stadtverwaltung wegen fehlender Finanzmittel 1927 nicht möglich, zwei verschiedene Fahrzeuge für die unterschiedlichen Aufgaben zu beschaffen. Auch Proteste der Gewerkschaft bewirken keine Verbesserung. Bezeichnend ist ein Brief an den Stadtrat vom 20.3.1925: »Die Gruppe der Polizeibeamten erlaubt sich den Stadtrat auf einen Vorfall hinzuweisen, bei

Eine Löschmannschaft der BF Augsburg mit dem 1927 gebauten Mannschafts- und Tiertransportwagen auf einem MAN Zweieinhalbtonner.

welchem der städtische Kraftwagen, in dem vormittags ein verendetes Tier transportiert wurde, des nachmittags ohne vorherige Desinfektion zur Beförderung von Polizeimannschaften verwendet wurde.«

Im Juni 1928 bestellen die Augsburger bei Magirus eine DL 28 des Typs K 26 auf MAN-Chassis. Im Januar 1929 erfolgt die Auslieferung des 7680 kg schweren Fahrzeugs. Nur vier Monate später bekommt die FF Kempten ein sehr ähnliches Leiterfahrzeug, eine MAN/Magirus DL 26. Dieses Fahrzeug, das ein Privatsammler lange instand hält, gehört seit einigen Jahren zur historischen Fahrzeugschau der MAN. Es ist eines von nur fünf existierenden MAN-Drehleiterfahrzeugen aus der Vorkriegszeit.

Eine Besonderheit unter den MAN-Feuerwehrfahrzeugen zum Ende der 20er Jahre ist ein großer Mannschafts- und Schlauchwagen. Da die Gutehoffnungshütte die Muttergesellschaft der MAN ist, liegt es nahe, daß sich die Werkfeuerwehr der GHH in Oberhausen bei der Wahl eines LKW für einen MAN entscheidet. Da es viel zu transportieren gibt, wird ein großes Fahrgestell des Typs 5 KVB mit langem Radstand verwendet. Unter der Haube des Fünftonners arbeitet ein 70 PS starker Vierzylindermotor. Vermutlich ist dies auch das erste MAN-Feuerwehrfahrzeug mit Luftreifen und das einzige dieses Typs.

Zwischen 1930 und 1934 gibt es so gut wie keine Lieferungen von MAN an die Feuerwehren, und dies hat seine Gründe. 1930/31 befindet sich die MAN in ihrer zweiten schweren Krise (nach 1919), und beinahe wäre die LKW-Produktion gänzlich eingestellt worden.

Auslöser ist der Börsenkrach und die darauf folgende Weltwirtschaftskrise. Die Absätze stagnieren und die Produktion muß stark gedrosselt werden. Eine Folge ist, daß die Belegschaft von MAN bis Ende 1932 auf 7000 Arbeiter halbiert wird. Ein noch krasseres Bild bieten die Produktionszahlen. Wer-

den 1928 noch 780 Lastwagen verkauft, so sind es 1932 nur noch 118. In dieser scheinbar ausweglosen Situation erwägt der Konzernchef der GHH, Paul Reusch, den LKW-Bau vollends einzustellen. Nur durch die vehemente Intervention des technischen Leiters im Nürnberger Werk, Otto Meyer, läßt sich Reusch zu einem Aufschub seiner Absicht um ein Jahr überreden. Sollte die MAN Ende 1933 noch immer rote Zahlen schreiben, muß die Lastwagenherstellung unwiderruflich aufgegeben werden. Meyer nutzt die Gnadenfrist, um die bereits in Ansätzen realisierte Fließbandproduktion konsequent weiterzuführen, die Modellpalette zu erneuern und den Schwerpunkt auf Diesellastwagen zu legen.

Meyer behält recht mit seinen Plänen, und es gelingt ihm tatsächlich, den Lastwagenabsatz soweit zu forcieren, daß die Zukunft der LKW-Produktion gesichert ist. Allerdings ist dies nicht allein Meyers Verdienst, auch eine gehörige Portion Glück ist dabei, denn seit Anfang 1933 hat sich die Situation

Um 1929 erhielt die Werkfeuerwehr der Gutehoffnungshütte dieses große Löschfahrzeug auf MAN 5 KVB.

schlagartig verändert: wirtschaftlich und politisch. Die Nationalsozialisten übernehmen die Macht, und es beginnt ein umfangreiches Aufbau- und Beschäftigungsprogramm, so daß nunmehr ein großer Bedarf an Lastwagen besteht. Dies führt ab 1934 zu einer »Blüte« der gesamten Lastwagenindustrie, aber auch zu einer allmählichen Reglementierung und Gängelung seitens der Machthaber wie sich schon bald herausstellt. Zur gleichen Zeit wird das Gesamtgewicht für Zweiachs-LKW von 9 t auf 15 t heraufgesetzt, was natürlich einem Schwerlastwagenbauer wie MAN zugute kommt. Auch die Feuerwehren bekommen den neuen Wind recht bald massiv zu spüren. Auf Druck des Reichsluftfahrtministeriums (RLM) wird am 4. Oktober 1933 die »Arbeitsgemeinschaft der deutschen Feuerwehrgeräteindustrie« mit der Absicht gegründet, genormte Einheitsfahrzeuge zu entwickeln.

Nur wenig später, am 15. 12. 1933, beginnt mit dem preußischen »Gesetz über das Feuerlöschwesen« die organisatorische Gleichschaltung der Feuerwehren, die nunmehr der jeweiligen Polizeibehörde unterstellt werden. Das Wort »Feuerlöschpolizei« entsteht und wird statt »Berufsfeuerwehr« für Fahrzeugbeschriftungen verwendet. Der zweite Schritt wird am 23. 11. 1938 mit dem »Reichsfeuerlöschgesetz« vollzogen. Nun müssen sämtliche Feuerwehren im Reich die Bezeichnung »Feuerschutzpolizei« führen und ihre Fahrzeuge polizeigrün lackieren.

Und eine weitere »Zwangsjacke« müssen sich die Feuerwehren anziehen: den Dieselmotor. In Feuerwehrkreisen gibt es während der 20er Jahre große Vorbehalte gegen Dieselmotoren. Es wird die Unzuverlässigkeit gerügt, die schlechten Starteigenschaften und anderes mehr. So hat es bislang auch nur sehr wenige Dieselfahrzeuge in Feuerwehrdiensten gegeben. Bezeichnend ist, daß ab 1934 eine intensive Diskussion über Dieselmotoren in der Feuerwehrfachpresse stattfindet, die mit einem Machtwort von oben beendet wird. Per Erlaß des

Innenministeriums vom 22.8.1935 müssen alle neuen Feuerwehrfahrzeuge ab 2 t mit Dieselmotoren ausgerüstet sein.

MAN kann dies nur recht sein, werden doch seit 1932 alle LKW-Modelle mit Diesel angeboten und die überwiegende Mehrzahl auch mit Dieselaggregaten verkauft. Andere Motoren sind mittlerweile eher die Ausnahme, und 1935 wird der letzte von MAN konstruierte Saugmotor, ein V8 des Typs L130 (150 PS), präsentiert und gebaut.

Nachdem MAN 1932 mit dem Typ D1 einen neuen Viertonner herausbringt, folgt wenige Monate später auch ein neuer Dreitonner, der Z1. Beide Modelle werden nur noch mit Dieselmotoren der Typen D 0530 (70-75 PS) und D 0540 (90 PS) angeboten.

Die Feuerwehrversion des Z1 stammt von der Firma Koebe, die sich an der »Arbeitsgemeinschaft der deutschen Feuerwehrgeräteindustrie« beteiligt und an der Konstruktion der Einheitskraftfahrspritze

Der MAN Z 1 in der genormten Version der Kraftfahrspritze KS 15 mit einem Aufbau der Firma Koebe in Luckenwalde. Vermutlich ist hier der Prototyp von 1934 abgebildet.

Eine Bauserie der KS 25
auf MAN D1 steht zur
Abholung bereit. Es dürfte
sich um Fahrzeuge
handeln, die bei Flader
in Jöhstadt aufgebaut
wurden.

mitarbeitet. 1934/35 werden die ersten Prototypen der KS 15 (1500 l/Min Pumpenleistung) auf Fahrgestellen von Magirus, Opel, Mercedes, Henschel und MAN gebaut. Die Koebe KS 15 auf MAN Z1 bleiben Einzelexemplare. Als die Fahrzeuge 1936 in Serie gehen, verwenden Koebe und Metz fast ausschliesslich Chassis von Opel, Hansa-Lloyd und Mercedes, und Magirus benutzt natürlich weitgehend die eigenen Fahrgestelle.

Das zweite für das RLM entworfene Einheitslöschfahrzeug ist die Kraftfahrspritze (KS) 25 mit einer Pumpenleistung von 2500 l/Min. Dieser Typ braucht die etwas grösseren Fahrgestelle der 4- bis 5-Tonnen-Klasse. Für MAN bedeutet dies, daß das Modell D1 dafür verwendet wird. Zunächst werden wieder einige Prototypen gebaut, bevor das RLM die

Fahrzeuge normt und am 24.12.1936 den »Beladeplan für KS 25 (Bauart 1936)« herausgibt.

Von fast allen Feuerwehrgeräteherstellern werden die KS 25 in grosser Stückzahl für Luftschutzzwecke hergestellt. Doch auch hier kommen hauptsächlich Fahrgestelle von Magirus und Mercedes zum Einsatz, Fahrzeuge von Henschel, Büssing und MAN sind eher die Ausnahme. Nur zwei Firmen bauen in nennenswertem Umfang KS 25 auf MAN: Flader und Fischer. Insgesamt dürften es aber nicht mehr als 25 bis 30 MAN KS 25 gewesen sein. Von Metz, Magirus und Koebe sind keine derartigen Fahrzeuge bekannt.

Ein Fahrzeug, eine MAN/Fischer KS 25, hat all die Jahre bis in die Gegenwart überdauert. Es stand bis in die 80er Jahre bei einer Freiwilligen Feuerwehr in der DDR im Einsatz und befindet sich nun in Sammlerhänden. Der D1 verfügt über einen Vierzylinder-MAN-Dieselmotor und leistet 80 bis 90 PS bei einer Höchstgeschwindigkeit von rund 75 km/h.

Das RLM läßt aber nicht nur Löschfahrzeuge normen, sondern auch Drehleitern. Zunächst sind zwei Größen vorgesehen: eine Kraftfahrleiter (KL) 26 und eine KL 46, beides erfolgreiche Exportleitern bei Magirus. Von der großen KL 46 (DL 45) werden insgesamt 27 Exemplare bei Magirus gebaut, doch nur vier davon im Deutschen Reich eingesetzt. Metz stellt etwa acht KL/DL 46 her, von denen nur drei im Reich Verwendung finden.

Die KL 26 (bzw. DL 26+2) hingegen wird in beträchtlicher Anzahl von beiden Leiterherstellern produziert. Neben den am häufigsten verwendeten Fahrgestellen Magirus und Mercedes baut Metz 1936 auch eine Serie auf MAN. Das RLM erhält fünf Metz KL 26 auf MAN D1 in der üblichen grauen Lackierung. Wo die Leiterfahrzeuge stationiert werden, ist nicht bekannt.

Überraschenderweise ist ein Fahrzeug kürzlich wiederentdeckt worden. Ein Fahrzeugliebhaber hat das seltene Stück von einem Bauunternehmer in Bad Segeberg erworben und in der eigenen Werkstatt restauriert. Bis Januar 1969 stand die alte DL

Der MAN D1 mit Fischer-Aufbau als KS 25. Das Fahrzeug war bis in die 80er Jahre in der DDR eingesetzt.

Die einzigen MAN-Drehleiterfahrzeuge der 30er Jahre entstanden 1936 bei Metz für das Reichsluftfahrtministerium: 26-m-Leitern auf MAN D 1.

Holzsprossen werden ausgebaut, die Leitersegmente gereinigt und das ganze Fahrzeug erhält eine neue Lackierung, selbstverständlich wieder in Rot.

Magirus hat in den 30er Jahren keine einzige Drehleiter auf ein MAN-Chassis gebaut, sieht man einmal von dem Umbau im Auftrage der BF Augsburg ab. 1934 wird eine alte vierteilige 24-m-Holzleiter des Typs DV (Pferdezugleiter) auf einen neuen MAN gesetzt. Es ist die dritte MAN/Magirus Drehleiter in Augsburg. Die Spur dieses Fahrzeugs verliert sich, wie so häufig, in den Kriegswirren.

Dafür ist ein anderer kurioser Umbau einer alten Magirus-Leiter 1989 wieder an die Öffentlichkeit gelangt. Aus einer Magirus-Pferdewagenleiter des Typs DVI und einem MAN Z1 entsteht ein Leiterfahrzeug für die FF Dillingen. Die hölzerne zweiteilige Drehleiter stammt aus dem Jahr 1929, der Lastwagen ist Baujahr 1936. Vermutlich läuft der MAN Z1 mit dem MAN-Dieselmotor D 0530 (ca. 75 PS) als normaler Pritschenwagen während des Krieges. 1949 erfolgt der erste Umbau in einer KFZ-Schmiede in Wertingen. Aus dem Lastwagen wird ein Viehtransporter für einen Tierhändler. Bereits drei Jahre später wird der Wagen abermals umgebaut. Die Firma Phillip aus Donaualtheim wandelt den Viehtransporter in ein Leiterfahrzeug um. Das »dritte Leben« des MAN, jetzt als DL 18, beginnt am 30.3.1953 bei der FF Dillingen und endet dort im Januar 1967. Daraufhin steht das Kuriosum jahrelang bei der Feuerwehr in der Ecke und rostet vor sich hin – verschrotten mag man es aber auch nicht. 1988 wird es schließlich von einem Oldtimerverein erworben und wieder in Schuß gebracht.

So dürftig die Verbreitung von MAN-Feuerwehrfahrzeugen während der 30er Jahre im Inland ist, so spärlich ist es auch um die Exporte bestellt. Bekannt ist unter anderem ein Löschfahrzeug auf MAN D1, das 1936 an die Feuerwehr Bangkok geliefert wird.

26 im Dienst der BF Neumünster, die das Fahrzeug 1947 von einem Autohändler für 6000,– RM gekauft hat. Da schon damals keine Fahrzeugpapiere vorhanden waren, ist nicht bekannt, wo die Leiter in den Kriegsjahren eingesetzt war. Während der Dienstzeit in Neumünster erfährt das Fahrzeug einige Umbauten. So wird die alte Saugbremse durch eine Druckluftbremse ersetzt und die Mehrscheibenkupplung durch eine Einscheibenkupplung. Auch der Leitersatz wird 1955 generalüberholt, die

Die Chinesen, schon damals gute und regelmäßige Kunden deutscher Lastwagen- und Feuerwehrgeräftehersteller, kaufen 1935/36 bei MAN über 100 Fahrgestelle der Typen D1 und E1. Einige dieser Fahrzeuge werden mit Tanks und Pumpen versehen und als Tanklöschfahrzeuge nach China verschifft. Der E1 ist ein Zweieinhalbtonner, der ab 1932 gebaut wird und damit das gesamte LKW-Programm der MAN nach unten abrundet. So kann MAN Mitte der 30er Jahre Lastwagen von 2,5 t bis 6,5 t (im Export bis 8 t) Nutzlast anbieten.

Auf der Berliner Automobilausstellung 1937 präsentiert MAN sein weiterentwickeltes Gesamtprogramm. Aus dem E1 wird der E2 mit 65-PS-Dieselmotor und um 250 kg aufgelastet; aus dem Z1 wird der Z2 entwickelt, aufgelastet auf 3,5 t und angetrieben von einem 80-PS-Dieselmotor; der D1 mit 4,5 t Nutzlast erhält einen 90-PS-Motor; der M1 mit 5 t Nutzlast und 120-PS-Motor als Folgemodell des F1H6 und schließlich der 6,5-8 t F4 mit 150-PS-Motor als Nachfolger des F2H6. Alle Modelle des Baujahres 1937 verfügen neben der charakteristischen eckigen Kühlerhaube nun über einen leicht schräg stehenden Kühler mit dem Schriftzug »M.A.N. Diesel".

1938 erreicht die LKW-Produktion bei MAN eine Rekordmarke. Über 2500 Fahrgestelle werden in diesem für die deutsche LKW-Industrie so bedeutenden Jahr gebaut. Wieder einmal werden die Hersteller von der Reichsregierung in ihrer freien Entscheidung beschnitten. Um die Aufrüstung der Wehrmacht und damit die Kriegsvorbereitungen zu beschleunigen, wird 1938 Oberst von Schell als »Generalbevollmächtigter für das Kraftfahrwesen« berufen. Der daraufhin entwickelte »Schell-Plan« sieht eine drastische Reduzierung der Typenvielfalt vor und bestimmt, wer was zu bauen hat.

Im März 1939 wird bekanntgegeben, daß nur noch Lastwagen der Nutzlastklassen 1,5 t, 3 t, 4,5 t und 6,5 t gebaut werden dürfen. Die MAN soll, zusam-

men mit ÖAF, Mercedes und KHD, den Viereinhalbtonner bauen und gemeinsam mit Büssing-NAG, Krupp und Faun den Sechseinhalbtonner.

Wie andere Firmen auch, so schafft MAN es dennoch, bis in den Krieg hinein auch andere, »nicht genehmigte« Fahrzeugtypen herzustellen. Zwei Wochen nach Bekanntgabe des »Schell-Plans« erfolgt ein weiterer Erlaß speziell für Feuerwehrfahrzeuge: die »Typenbegrenzung im Feuerlöschfahrzeugbau« vom Reichsminister des Innern. Demzufolge dürfen die »Einheitsfeuerwehrfahrzeuge« nur noch auf »Einheitsfahrgestellen« der Nutzlastklassen 1,5 t, 3 t und 4,5 t gebaut werden.

Für die MAN, die zwar mit dem D1 ein 4,5 t-Chassis im Programm hat, ist dennoch kein Platz im Feuerwehrfahrzeugbau, denn alle Fahrzeuge in dieser Klasse, die große Drehleiter (GDL) und das große Löschgruppenfahrzeug (GLG), sollen ausschließlich auf KHD und Mercedes gebaut werden.

Somit gibt es nach 1938 in Deutschland und dem

seit dem 13. März 1938 angeschlossenen Österreich keine Feuerwehrfahrzeuge mehr von MAN. Es sind auch keine Exporte aus jener Zeit bekannt.

Eine Ausnahme ist ein Umbau, der 1938/39 bei Metz entsteht. Ein alter MAN-Dreieinhalbtonner aus den frühen 20er Jahren wird mit einer neuen Stahlleiter versehen.

Die kleine DL 17, damals LDL (leichte Drehleiter) genannt, ist eine Weiterentwicklung der DL 16, die Magirus seit 1934 in einer Ganzstahlversion anbietet. Metz und Magirus bauen die LDL ab 1939 serienmäßig auf die kleinen Fahrgestelle Mercedes L 1500 und Opel Blitz. Viele derartige Fahrzeuge werden auch nach dem Krieg noch gefertigt und lange bei Freiwilligen Feuerwehren eingesetzt.

Vor einigen Jahren erhielt nun das Technikmuseum in Sinsheim eine solche Metz LDL/DL 17 auf einem MAN, ein in dieser Art und Zusammenstellung einzigartiges Fahrzeug. Niemand weiß, woher das in polizeigrün lackierte Fahrzeug stammt, nicht einmal der Besitzer. Es wäre durchaus möglich, daß es sich hierbei um ein altes Fahrzeug der BF Augsburg oder BF Chemnitz handelt.

Die 1921 für Augsburg gebaute DL 25 von Magirus wird nämlich 1938 umgebaut (nicht bei Magirus, sondern bei Metz!) und in vorschriftsmäßigem Grün lackiert. Nach dem Krieg ist das Fahrzeug jedoch nicht mehr im Bestand der Augsburger Feuerwehr. Das mit einer neuen Metz LDL/DL 17 versehene Fahrzeug könnte also in den Kriegsjahren »verschleppt« oder »verschoben« worden sein und lange Zeit bei einer kleinen Freiwilligen Feuerwehr verbracht haben.

Anfang 1939 findet in der Firmengeschichte der MAN ein wichtiges Ereignis statt. Der deutsche Lastwagenhersteller MAN übernimmt die Aktienmehrheit der italienisch-österreichischen Lastwagenfirma Austro-Fiat.

Die Geschichte der Austro-Fiat geht bis ins Jahr 1907 zurück, als man in Wien-Floridsdorf als »Österreichische Fiat-Werke AG« beginnt, Personenwagen nach Fiat-Modellen für Österreich und Ungarn zu bauen. Ab 1910 sind auch LKW und Busse im Angebot. 1921 steigt Fiat (Turin) aus dem Unternehmen aus, das fortan »Österreichische Automobilfabriks AG« heißt. 1932 erscheint Fiat erneut in Österreich mit einem Kooperationsangebot und übernimmt die Aktienmehrheit der »ÖAF AG«. ÖAF ist während der 20er Jahre einer der Hauptlieferanten österreichischer Feuerwehren, und einige dieser Veteranen existieren noch heute bei Sammlern und Feuerwehren.

Bereits 1936 beginnt die Zusammenarbeit von ÖAF und MAN. Die ÖAF erwirbt die Lizenz zum Bau von MAN-Dieselmotoren (D 0530 und D 0534) und wird dadurch Marktführer in Österreich. Nach dem Anschluß Österreichs ans Deutsche Reich 1938 ist es den Machthabern ein Dorn im Auge, daß ein italienischer Konzern die Aktienmehrheit bei ÖAF hält. Fiat wird 1939 mit Nachdruck dazu bewegt, das Aktienpaket zu einem guten Preis an die MAN abzugeben. Der Name Austro-Fiat verschwindet endgültig, und seither heißt es nur noch »Österreichische Automobilfabrik ÖAF".

Ab 1939 wird nun sowohl in Nürnberg als auch in Wien fast ausschließlich für das Militär produziert. In Nürnberg werden neben dem neuen MAN ML 4500 S(A) auch weiterhin der F4/5 sowie der E 3000, eine Variante des E2, gebaut. Ab 1942 konzentriert man sich auf die Montage von Panzern. In Wien baut man ab 1940 nur noch den ML 4500 S und ab 1942 zusätzlich die Allradversion 4500 A.

Ein aus österreichischer Kriegsproduktion stammender ML 4500 S ist sogar als Feuerwehrfahrzeug bekannt. Die FF Eichgraben hat nach 1945 günstig einen MAN-Lastwagen erworben und ihn mit einem 7000-l-Tank versehen. Als Wasserzubringer steht der 110 PS starke Sonderling bis in die 70er Jahre im Einsatzdienst in den österreichischen Bergen.

Der 2. Weltkrieg markiert bei der MAN, wie bei allen großen deutschen Industrieunternehmen, einen tiefen Einschnitt. Als wichtiger Rüstungsbetrieb hat natürlich besonders das Werk Nürnberg unter heftigem Bombardement zu leiden. 70 % der Werksanlagen sind 1945 zerstört. Im Werk Augsburg, wo in den Kriegsjahren hauptsächlich Schiffsdiesel für die Marine gebaut werden, sind es nur rund 30 % der Anlagen. Eine neue Zeit und eine neue Epoche der Industriegeschichte beginnt 1945, erfolgreicher als alles zuvor.

Die Firma Haller baut 1952 sechs TLF 15/50 auf MAN MK 26 für Jugoslawien.

Die Jahre nach dem 2. Weltkrieg

Nach einer vorübergehenden Produktionspause am Ende des 2. Weltkrieges und ersten Aufräum- und Instandsetzungsarbeiten im Nürnberger Werk der MAN beginnt im Sommer 1945, mit Genehmigung der Alliierten, erneut die Montage von Lastwagen. Zunächst werden aus vorhandenen Einzelteilen Fahrzeuge des Vorkriegsmodells ML 4500S hergestellt, insgesamt aber nur neun Stück bis zum Jahresende.

1946 werden die LKW auf fünf Tonnen aufgelastet und als Typ MK angeboten. Äußerlich unterscheiden sie sich nicht von den Vorgängern. Sie haben noch immer die eckige Kühlerhaube, unter der ein Sechszylinder des Typs D 1040G mit ca. 120 PS Leistung seinen Dienst verrichtet. Das Führerhaus besteht aus einem Holzgerippe, das mit Blechen beplankt wird.

Die Produktion steigt von 311 Exemplaren im Jahre 1946 auf 846 Stück im Jahre 1949.

Bei einer deutschen Feuerwehr ist kein MAN des Typs MK nachweisbar. Der wesentliche Grund mag darin liegen, daß zu der Zeit hauptsächlich kleine und billige Fahrgestelle für Löschfahrzeuge benötigt wurden, jedoch keine Fünftonner für Spezialaufbauten. Außerdem gibt es nach dem Krieg, trotz vieler Verluste, eine große Anzahl übriggebliebener Fahrzeuge der Luftschutzeinheiten und der Wehrmacht, die wieder hergestellt werden und bei zahlreichen Feuerwehren Verwendung finden.

Neue Feuerwehrfahrzeuge werden erst wieder um 1950 in größerem Umfang geordert.

So ist aus den 40er Jahren auch nur ein einziges MAN-Feuerwehrfahrzeug bekannt, und das geht in den Export. Bereits im September 1940 hat die Feuerwehr der rumänischen Hauptstadt Bukarest von Magirus zwei DL 45 erhalten, damals aufgebaut auf den großen Magirus FL 150. Im Jahre 1949 kauft Bukarest eine dritte Drehleiter dieses Typs bei Magirus, diesmal aber auf einem MAN MK. Die sechsteilige mechanische Stahlleiter ist die höchste, die Magirus damals anbietet, und die erste dieses Modells, die nach dem Krieg gebaut wird. Magirus setzt auf das schwere Chassis mit 5 m Radstand eine kantige Mannschaftskabine und schickt das Fahrzeug Ende 1949 nach Rumänien. Wie lange das Leiterfahrzeug dort eingesetzt wird und ob es noch existiert, ist nicht bekannt.

1950 erscheint MAN mit drei neuen Modellen auf dem Markt, dem Fünftonner MK 25, dem Sechstonner MK 26 und dem Achttonner F8. Letzterer ist ein schwerer Fernlaster mit einem 180 PS starken V8-Motor, der jedoch im Feuerwehrbereich nicht verwendet wird.

Die Typen MK 25 und MK 26 sind äußerlich fast identisch. Nur an der Breite des Kühlergrills lassen sie sich auseinanderhalten – aber auch nur, wenn sie nebeneinander stehen. Unter den Hauben, die gegenüber dem MK etwas gefälliger und runder

Ein besonders schönes Leiterfahrzeug erhält die BF Sofia 1954. Die Magirus DL 45 ist auf einem MAN MK 26 aufgebaut.

wirken, sind zwei unterschiedliche Motoren eingebaut. Der MK 25 läuft mit dem alten MAN D 1040G (ca. 120 PS bei 2000 U/Min), während der MK 26 mit dem MAN D 1546G (130 PS bei 2000 U/Min) bestückt wird.

Der MK 26 findet auch Verwendung bei der Feuerwehr. 1952 bekommt die Stuttgarter Firma Haller, vor allem bekannt für Müllwagen, Tank- und Siloaufbauten, den Auftrag zum Bau von sechs Tanklöschfahrzeugen für Jugoslawien. Ganz im Stil eines Benzintankers wird auf das MK 26-Chassis mit 4600 mm Radstand ein großer 5000 l fassender Löschwassertank und ein 500-l-Schaummitteltank

montiert. Am Rahmenende ist eine aus seewasserbeständigem Leichtmetall bestehende Feuerlöschpumpe von Amag-Hilpert (Typ JF IV/1500) mit einer Fördermenge von 1500 l/Min angebaut. Der damalige Stückpreis der Pumpe inklusive »Materialteuerungszuschlag« beträgt DM 2163,57. Oberhalb der Pumpe, an der Rückseite des Tanks, befindet sich eine Schlauchhaspel. Links und rechts neben dem Tank sind Gerätekästen angebracht und Fächer für Saugschläuche. Eine Leiter und ein Arbeitsstellenscheinwerfer komplettieren die karge feuerwehrspezifische Ausrüstung. Die Haller TLF 15/50 sind sehr frühe Vorläufer der in den 70er Jahren ge-

1955 erhält die BF Nürnberg von Metz einen schweren RKW 10. Der 10 t tragende Demag-Kran ruht auf einem MAN 758 L1. Das Foto zeigt das noch heute existierende Fahrzeug im Lieferzustand.

normten TLF 24/50, allerdings noch mit unverkleideten Tanks.

Die sechs 1952 gebauten Fahrzeuge für Jugoslawien bleiben nicht die einzigen. 1957 fertigt Haller zwei weitere fast baugleiche TLF für den Iran. Da der MAN MK 26 nur bis 1954 produziert wird, bekommen die Iraner das Folgemodell MAN 620 L1, ebenfalls ein Sechstonner, der aber einen neuen Motor hat, den MAN D 1246 M4 mit einer Leistung von 120 PS. Im Gesamtbild unterscheiden sich die persischen von den jugoslawischen Fahrzeugen nur durch verschiedenartige Felgen und einen etwas höheren Tank.

Ein weiteres Feuerwehrfahrzeug auf MAN MK 26 entsteht 1954. Magirus montiert auf den Sechstonner eine DL 45 mit 2 m Handauszug und einem obenlaufenden Fahrstuhl. Zu dieser Zeit ist die DL 45 bereits nicht mehr die höchste gebaute Drehleiter. Den neuen »Höhenrekord« hält seit 1951 eine Magirus DL 52+2, die die BF Wien erwirbt.

Das MAN-Leiterfahrzeug von 1954 ist für die Feuerwehr Sofia bestimmt, und es bleibt, ebenso wie das Bukarester Fahrzeug, ein Einzelstück. Gegenüber dem 49er Modell hat das Fahrzeug für Sofia deutlich an Aussehen gewonnen. Die Linienführung und das Design von Kabine und Aufbau zeugen von mehr Geschick und ästhetischem Gefühl als bei dem eher provisorisch wirkenden Leiterfahrzeug für Bukarest. Ungewöhnlich ist bei dem bulgarischen Fahrzeug die auf dem Kotflügel angebrachte

Sirene, die zu jener Zeit eigentlich nur bei Feuerwehren für den Südamerikaexport üblich ist.

Daß nicht weitere Exemplare dieses gelungenen und interessanten Modells verkauft werden, ist sicher weniger MAN anzulasten, als vielmehr Magirus und Metz, die nach wie vor ihre eigenen Chassis beziehungsweise Mercedes-Fahrgestelle bevorzugen.

Die Idee, große Rüstwagen (früher Pionierwagen)

mit Kränen auszustatten, wird von Metz und Magirus nach dem Krieg wieder aufgenommen und weiterentwickelt. Die ersten beiden Fahrzeuge des neuen Metz-Rüstwagens R 10 (später RKW 10) werden 1952 für Frankfurt und Kassel, auf Büssing 8000 und Henschel HS 140, gebaut. Die BF Hamburg bestellt 1953 einen RKW 10 auf Mercedes L 6600, und 1955 erhält die BF Nürnberg ihren RKW 10 auf MAN 758 L1.

Zu den beeindruckendsten MAN-Feuerwehrfahrzeugen gehört zweifellos die große Metz DL 52 auf dem MAN 758 L1, die 1956 in die Volksrepublik China geliefert wird.

Der MAN 630 L2 mit Metz DL 30 der BF Nürnberg, hier bei einer Übung in den 60er Jahren.

30

Es ist der erste MAN und das erste Großfahrzeug der Nürnberger Feuerwehr nach dem Krieg. Der MAN 758 L1, seit 1954 für 7,5 Tonnen Nutzlast gebaut, ist mit einem mächtigen V8-Dieselmotor des Typs D 1048M (155 PS bei 2000 U/Min) ausgestattet, der das Fahrzeug auf maximal 70,5 km/h bringt. Das Gesamtgewicht des MAN mit 5 m Radstand und dem 10 t tragenden Demag-Kran beträgt 14.300 kg.

Der um 360° schwenkbare Kranausleger aus geschweißter Stahlrohrkonstruktion hat 4,3 m Ausladung. Bei Betrieb wird am Fahrzeugheck eine Achse mit massiven Rollen abgesenkt, um das Fahrzeug abzustützen. Der Kran wird mittels Elektromotoren über ein Zahnradgetriebe bewegt. Die Bedienung erfolgt, wie bei allen Metz-Rüstkranwagen, über ein Druckknopfschaltpult, das durch ein Kabel mit dem Fahrzeug verbunden ist. Der Fahrmotor des MAN treibt sowohl den Drehstromgenerator für den Kranbetrieb an als auch die Seilwinde, die beim Nürnberger Fahrzeug eine Zugkraft von 7,5 Tonnen hat. Die BF Nürnberg stellt ihren RKW am letzten Tag des Jahres 1955 in Dienst und mustert ihn am 27.10.1978 aus. Heute befindet sich das einmalige Stück in Händen von Nürnberger Fahrzeugliebhabern.

Ein zweites Feuerwehrfahrzeug auf MAN 758 L1 wurde erst kürzlich im Archiv der Firma Metz wieder entdeckt. Es handelt sich um eine MAN/Metz DL 52, gebaut 1956 für die Volksrepublik China. Die Chinesen hatten schon immer eine Vorliebe für sehr hohe Leitern. Bereits 1933 und 1934 erhält die Feuerwehr Schanghai zwei DL 45 von Magirus. Nach der Kriegspause geht es 1952 weiter mit gleich drei DL 45 auf Magirus S 6500. Schließlich kauft man 1954 die erste von Metz gebaute DL 52 auf Mercedes LKO 315. Einige Monate später werden zwei weitere Modelle der DL 52 beschafft, diesmal auf Krupp L8 »Tiger« und besagtem MAN 758 L1. Doch damit nicht genug. Die Chinesen wollen noch höher hinauf, und so bestellen sie 1956 als erste bei Metz eine riesige DL 60 (!), aufgebaut auf einem dreiachsigen Spezialfahrgestell von Kaelble. Somit verfügen die Chinesen über eine Sammlung der größten und interessantesten Leiterfahrzeuge, die je gebaut wurden. Leider gibt es keinerlei Informationen darüber, wo die Fahrzeuge stationiert werden und was mit diesen Raritäten geschehen ist.

1956 baut Metz ein Drehleiterfahrzeug, das ebenfalls ein Unikat ist, das sich aber geradezu bescheiden ausnimmt gegenüber dem chinesischen Fahrzeug. Die BF Nürnberg ordert ihre erste Nachkriegsleiter, eine DL 30, auf einem MAN 630 L2 mit 4600 mm Radstand und Staffelkabine. Unter der Haube des Sechseinhalbtonners arbeitet der MAN-Dieselmotor D 1246 mit einer Leistung von 135 PS bei 2100 U/Min. Nach der Ausmusterung bei der BF Nürnberg kauft eine Artistentruppe das Fahrzeug, läßt es weiß lackieren und den Leiterpark um zwei Segmente verkürzen.

Schließlich muß an dieser Stelle noch ein Fahrzeug erwähnt werden, das zunächst einige Jahre im Fernverkehr Dienst tut, bevor es durch Umbau zum Feuerwehrfahrzeug wird. 1972 kauft die FF Velbert einen schon betagten MAN 515 L1 aus dem Jahre 1955. Der MAN Typ 515 L1, von 1954 bis 1956 als Nachfolger des MK 25 gebaut, besitzt einen Sechszylinder-Dieselmotor mit einer Leistung von 115 PS. Die Wehrmänner rüsten den Fünftonner-Möbelwagen in vielen Stunden Eigenarbeit zu einem Schlauchwagen (SW 2000) um. Fast 20 Jahre ist der SW 2000 in Velbert im Einsatz, und im Januar 1992 wird der nunmehr 37 Jahre alte MAN in den »Ruhestand« geschickt.

In den Jahren nach dem 2. Weltkrieg kann MAN bei deutschen und ausländischen Feuerwehren nicht recht Fuß fassen, zumal man nicht über die passenden Fahrgestelle verfügt. So bleibt es bis 1957 bei den erwähnten Einzelexemplaren. Erst

mit der Vorstellung einer neuen Mittelgewichtsbaureihe Ende 1955 ändert sich auch allmählich die Position der MAN im Feuerwehrbereich.

Einige bedeutsame Ereignisse zur MAN-Firmengeschichte fallen in die Übergangsphase zu Beginn der 50er Jahre. So bringt MAN 1951 als erster deutscher Lastwagenhersteller einen abgasturbogeladenen Dieselmotor heraus. Eine deutliche Leistungssteigerung des Motors wird durch die effizientere Nutzung der Kraftstoffenergie erreicht. Aus einem normalen Sechszylinder-Diesel mit 8720 cm^3 Hubraum und 130 PS wird durch Aufladung ein 155-PS-Motor. Ab 1954 wird dieses Aggregat serienmäßig in MAN-Lastwagen eingebaut.

Bereits im Geschäftsjahr 1951/52 stößt das Nürnberger Werk mit einer Produktion von 1200 bis 1500 LKW an seine Kapazitätsgrenzen. Da eine Erweiterung der Werkanlagen nicht möglich ist, sieht man sich nach anderen Lösungen um. Favorisiert wird zunächst der Neubau einer Lastwagenfabrik außerhalb des Nürnberger Stadtgebietes.

Mitten in der Planungsphase bietet sich 1954 eine überraschende Alternative an: Das ehemalige Flugmotorenwerk der BMW bei München steht zum Verkauf. 1945 wurde die Motorenfabrik in Allach von den amerikanischen Besatzern beschlagnahmt. Dort, im sogenannten »Karlsfeld Ordnance Depot«, sind rund 7000 Arbeiter damit beschäftigt, amerikanische Militärlastwagen zu warten und zu reparieren. 1954 geben die Amerikaner das Reparaturwerk auf, ein Käufer wird gesucht. Die bayerische Regierung hat großes Interesse daran, den Industriestandort und die Arbeitsplätze zu erhalten, und bietet das Werk der MAN an.

Nach intensiven Diskussionen entscheidet sich die MAN-Firmenleitung, die Fabrik zu kaufen. Am 25. April 1955 wird das Werk München übernommen und in wenigen Monaten für die Lastwagenproduktion eingerichtet. Am 11. November 1955 kann bereits der erste LKW aus Münchner Produk-

Ein Eigenumbau ist dieser MAN 515 L1, der von 1972 bis 1992 bei der FF Velbert als Schlauchwagen eingesetzt wird.

tion das Fertigungsband verlassen. Das Werk ist auf eine Kapazität von nahezu 8000 Lastwagen pro Jahr konzipiert. Die Motorenherstellung bleibt weiterhin im Nürnberger Werk.

Schon im ersten Geschäftsjahr 1956/57 schlittert das Münchner Werk in eine schwere Rezession auf dem LKW-Markt, so daß die Produktion ge-

drosselt und Kurzarbeit angeordnet wird. Aus Kostengründen erwägt man bereits die Rückführung der Produktion nach Nürnberg. Der Plan wird jedoch verworfen, da es ab 1957 wieder langsam aufwärts geht. Die positive Entwicklung der nächsten Jahre ist nicht zuletzt einer völlig neuen Lastwagengeneration zu verdanken, der Baureihe 400.

Die MAN-Haubenfahrzeuge der 60er und 70er Jahre

Manchmal werden Formen geschaffen, die man als rundum gelungen und zeitlos bezeichnen kann. Bei der Gestaltung von Sportwagen ist man so etwas ja gewohnt, aber bei Lastwagen?

Man muß es einen Glücksfall oder gar Geniestreich nennen, was da vor nunmehr 40 Jahren auf dem Reißbrett von Klaus Flesche und seinen Mitarbeitern entstand: der Entwurf für eine neue Generation von Haubenlastwagen mit der sogenannten »Pontonform«.

Fast jeder kennt sie und erkennt sie als MAN-Lastwagen, und zu Tausenden fahren sie noch heute durch unsere Städte. Sie beeindrucken immer wieder aufs neue durch ihre ansprechenden runden Formen, aber auch durch ihre Kraft und Robustheit vermittelnde Bulligkeit. Noch immer wird der Hauben-MAN für spezielle Aufgaben in der Bauwirtschaft gebaut, und damit ist dieses Fahrzeug der am längsten produzierte Lastwagentyp in Europa. Das gelungene Design ist, von kleinen Korrekturen abgesehen, nahezu unverändert geblieben. Der große Erfolg dieser Lastwagen ist besonders auf den Baustelleneinsatz zurückzuführen, wo die MAN-Hauber, zusammen mit den »Magirus-Bullen«, den Markt in den 60er und 70er Jahren beherrschen.

Bereits 1954 wird der erste Prototyp gebaut, und Ende 1955, als die LKW-Produktion von Nürnberg ins neue Werk nach München zieht, beginnt die Serienfertigung des Haubenmodells MAN 400 L1.

Ausgelegt für 4,5 t Nutzlast erhält der 400 L1 einen Sechszylindermotor mit 100 PS Leistung, eine Zweikreisbremsanlage mit kombinierter Öl- und Druckluftbremse und ein neues Fünfgang-Getriebe von ZF. Das moderne Fahrerhaus mit großer Panoramascheibe wird erstmals als Ganzstahlkonstruktion hergestellt.

Trotz aller Neuerungen und Vorzüge bringt das neue Modell zunächst keinen Erfolg. Im Gegenteil, MAN rutscht 1956/57 in eine tiefe Krise, verursacht durch die enormen Kosten des Umzuges nach München, die Entwicklung neuer Modellreihen und den allgemein stagnierenden Absatz auf Grund der veränderten Zulassungsbestimmungen, die nun vorsehen, das Fahrzeuggesamtgewicht für Zweiachser von 16 t auf 12 t zu reduzieren. Das Werk München schreibt bereits im zweiten Geschäftsjahr rote Zahlen und die Belegschaft wird auf Kurzarbeit gesetzt. Trotzdem läuft der geplante Produktionsbeginn von neuen LKW-Typen 1957 an. Parallel zu den Haubern bringt MAN die ersten Frontlenkerlastwagen heraus, ebenfalls von Klaus Flesche und seiner Mannschaft gestaltet. Das Programm der Haubenwagen wird um zwei Modelle erweitert, die Typen 415 L1 und 520 L1. Äußerlich unterscheiden sich die beiden Neuen nicht vom 400 L1, der wegen des flauen Absatzes bereits

1958 wieder vom Markt genommen wird. Stattdessen entwickelt sich der 415 L1 zu einem wahren Verkaufsschlager, und er wird bis 1972 hergestellt. Der 415 L1 ist ebenfalls ein Lastwagen der 4,5-t-Nutzlastklasse, der aber einen etwas stärkeren Motor hat als der 400 L1. Die MAN-Techniker haben den 100-PS-Motor durch Leistungssteigerung auf 115 PS getrimmt, allerdings nicht durch Erhöhung der Drehzahl, sondern durch eine Vergrößerung des Hubraumes von 5210 cm³ auf 5891 cm³ und Verringerung der Drehzahl von 2700 U/Min auf 2500 U/Min. So gewinnt der 415 L1 ein besseres Beschleunigungsverhalten und ein größeres Steigungsvermögen.

TECHNISCHE DATEN
MAN 415 L1
Motor:

Typ	D 0026 M 1
Zylinderzahl	6
Arbeitsweise	Viertakt-Diesel
Zylinderanordnung	in Reihe
Bohrung	100 mm
Hub	125 mm
Hubvolumen	5891 cm³
Verdichtungsverhältnis	1:18
Mittl. effekt. Druck	7,04 kg/cm²
Max. Drehmoment	38 mkg bei 1600 U/Min
Verbrennungsverfahren	Mittelkugel-Verfahren (M-Verfahren)
Dauerleistung } Höchstleistung }	115 PS bei 2500 U/Min
Leistungsgewicht des Motors	4,7 kg/PS
Kolbengeschwindigkeit, mittlere	10,4 m/Sek
Leerlaufdrehzahl	ca. 500 U/Min
Zylinderlaufbüchsen	trockene

Ölwannenwerkstoff	Stahlblech
Kolbenwerkstoff	Leichtmetall
Zahl der Kolbenringe	3+1 Ölabstreifring
Zahl der Zylinderköpfe	3
Zahl und Art der Kurbelwellenlager	7 Bleibronze
Art der Pleuellager	Bleibronze
Zahl und Art der Nockenwellenlager	4 Gleitlager
Art des Nockenwellenantriebs	Zahnräder
Zylinderblockwerkstoff	Spez. Grauguß
Schwingungsdämpfer	ja
Kolbenbolzensicherung	Seegerringe
Ventilzahl	2 je Zyl.
Ventilanordnung	hängend
Ventilbetätigung	Stößel, Stoßstangen, Kipphebel

Zündanlage:

Einspritzpumpe	Typ Bosch PE 6 A 65 B 412 RS 320/11
Drehzahlregelung	Fliehkraft
Einspritzdüse Typ	Bosch DLLA 20 S 102
Abspritzdruck	175 atü
Kraftstofförderung	mech. Förderpumpe
Förderbeginn	41-43° v.o.T.
Zündfolge	1-2-4-6-5-3

Elektrische Anlage:

Spannung	12 Volt
Lichtmaschine	Typ Bosch LJ/GJM 160/12/1600 R 3
Anlasser Typ	Bosch BNG 4/12 CR 232
Batterie	2x12 V/84 Ah.

Kupplung:

Bauart	Einscheiben trocken F&S Typ G 30 KZ
Ausrücklager, Art	Kugeldrucklager
Kupplungsspiel	20-30 mm am Pedal

Getriebe:

Typ und Bauart	ZF-AK 5-33 (auf Wunsch Achtgang-Synchrongetriebe mit Druckluftschalthilfe)
Art der Zahnradschaltg.	Klauenschaltung
Untersetzungen	1. Gang: 1:7,57
	2. Gang: 1:3,99
	3. Gang: 1:2,27
	4. Gang:1:1,36
	5. Gang:1:1
	Rückwärtsgang: 1:6,97

Hinterachse:

Bauart	Starre Achse (Tragachse u. Triebachse getrennt)
Ausgleich	Differential
Untersetzung	1:5,49 oder 1:6,2
Zähnezahl	11:25x12:29 oder 11:25x11:30

Den gleichen Antrieb erhält auch der 520 L1, jedoch wird der Motor nun wiederum durch die Erhöhung der Drehzahl von 2500 U/Min auf 2700 U/Min um noch einmal fünf PS auf 120 PS gesteigert. Der 520 L1 ist der größere Bruder des 415 L1 mit 5,5 t Nutzlast und einem zulässigen Gesamtgewicht von 10 t.

Beide Typen sind mit Straßenantrieb und Allradantrieb erhältlich und mit vier verschiedenen Radständen: 4200 mm und 4800 mm (Pritsche), 3600 mm (Allrad) und 3200 mm (Sattelzugmaschine). Die Höchstgeschwindigkeit wird mit 80 km/h (520 L1) und 82 km/h (415 L1) angegeben. Ein Testbericht aus dem Jahre 1958 bescheinigt dem 415 L1 »gute Fahreigenschaften und eine besonders hervorzuhebende Straßenlage, nahezu ohne jegliche Kurvenneigung", und faßt die Vorzüge griffig zusammen: »Wirtschaftlich, schnell, wendig, elastisch und von hohem Gebrauchswert«.

Mit den Typen 415 L1 und 520 L1 beginnt, wenngleich noch etwas zaghaft, 1957 die Ära der MAN-Feuerwehrfahrzeuge erst richtig. Entgegen der häufig verbreiteten Meinung, nur Ziegler und Bachert hätten die MAN-Hauber in nennenswertem Umfang verwendet, da Metz mit Mercedes kooperiert habe, muß an dieser Stelle klargestellt werden, daß die ersten Feuerwehrfahrzeuge auf MAN-Hauber 415 und 520 alle von Metz stammen. Die ersten Käufer sind die Berufsfeuerwehren von Buenos Aires und Nürnberg, beides langjährige Stammkunden von MAN bis in die Gegenwart.

Die Nürnberger bestellen für ihre Löschzüge zwei TLF 16 und zwei LF 16, aufgebaut auf MAN 415 L1. Beide Fahrzeugarten sind bereits damals genormt. Seit 1952 werden vom Fachnormenausschuß Baurichtlinien für Feuerwehrfahrzeuge erlassen, die die Grundlage der auch heute noch gültigen Normen bilden.

LF 16 und TLF 16, die Standardfahrzeuge jeder größeren Feuerwehr, haben beide eine im Heck

Das erste LF 16 auf einem MAN entsteht 1957 bei Metz in Karlsruhe. Zusammen mit einem zweiten baugleichen Fahrzeug und zwei TLF 16 werden die MAN 415 L1 bei der BF Nürnberg in Dienst gestellt.

Beachtenswert an diesem Schlauchwagen der BF Nürnberg (Bj. 1959) ist die große Frontseilwinde von Heros.

festeingebaute Feuerlöschkreiselpumpe des Typs FP 16/8 mit einer Nennförderleistung von 1600 l/Min bei 8 bar Druck. Beide verfügen über Löschwasserbehälter mit 800 l bis 1600 l (LF 16) und 2400 l (TLF 16) Inhalt sowie eine umfangreiche löschtechnische Beladung. Das LF 16 hat eine große Mannschaftskabine für eine Löschgruppenbesatzung von 1+8, während das TLF 16 über die kleinere Kabine für eine Staffel von 1+5 verfügt. Beide Fahrzeugarten werden auf Chassis bis maxi-

mal 11 t (heute 12 t) Gesamtgewicht aufgebaut, damals noch weitgehend mit Straßenantrieb, heute durchweg mit Allradantrieb. Als Maß gilt in den 50er Jahren für Feuerwehrfahrzeuge ein Leistungsgewicht von zirka 12 PS/t (heute 15 bis 18 PS/t).
Die vier von Metz im Juni 1957 an die BF Nürnberg ausgelieferten Fahrzeuge entsprechen diesen Normen. Zwei der Fahrzeuge bilden, zusammen mit der MAN/Metz DL 30 von 1956, den Löschzug der Feuerwache 1. Die entsprechenden Hydrauliklei-

METZ-Bilderdienst

2655

tern von Metz auf den neuen Haubern werden erst ab 1960 beschafft. So geht denn auch die allererste, von Metz auf einen MAN 520 L1 gebaute Drehleiter in den Export. Im August 1957 wird eine kleine mechanische DL 25 nach Argentinien verschifft, wo sie ab 1958 bei der Feuerwehr Buenos Aires eingesetzt wird. Auf den ersten Blick mag es erstaunen, daß die Argentinier für die Leiter ein 5,5-t-Fahrgestell verlangen. Doch bei den Lieferungen für Argentinien ist es üblich, daß größere und stärker motorisierte Chassis Verwendung finden, als dies bei deutschen Feuerwehren der Fall ist. Ein zweites Exemplar des gleichen Leiterfahrzeugs geht 1959 auf die Reise nach Lateinamerika. Als erste deutsche Feuerwehr erhält im gleichen Jahr die FF Kornwestheim eine ebensolche Metz DL 25, allerdings auf MAN 415 L1. Das Fahrzeug kommt später zur FF Karlsbad, und seit einigen Monaten steht es nun, in hervorragendem Zustand, im Auto- und Technikmuseum in Speyer.

Eine andere, verhältnismäßig unbekannte Firma baut 1958 Feuerwehrfahrzeuge auf MAN, die Firma Glasenapp in Berlin.

Die meisten Löschfahrzeuge der BF Berlin in den 50er und 60er Jahren sind mit Aufbauten von Glasenapp versehen, und so wird die Aufbauschmiede 1958 beauftragt, ein TLF 16 und drei LF 16 auf MAN 415 L1 zu bauen. Es sind die ersten MAN-Fahrzeuge in Berlin. 1960/61 kommen auch Drehleiterfahrzeuge dazu sowie weitere LF 16, und sie bilden den Grundstock für die weltweit größte Flotte von MAN-Feuerwehrfahrzeugen während der 60er und 70er Jahre.

Unterdessen hat Metz bereits zwei Sonderfahrzeuge für die BF Nürnberg fertiggestellt und einen Drehleiterumbau für Augsburg besorgt. Im September 1958 liefert Metz einen Gerätewagen (GW 2) nach Nürnberg und im Juni 1959 einen Schlauchwagen. Beide Fahrzeuge verfügen über das gleiche Allradfahrgestell mit serienmäßigem Führerhaus

und langgezogenem Aufbau. Auch haben beide Fahrzeuge eine Vorbauseilwinde von Heros, was im Falle des Schlauchwagens eher unüblich ist.

Die BF Augsburg mustert 1958 ihre alte Mercedes/Metz DL 26 von 1934 aus. Das Fahrgestell wird verschrottet, die Leiter hingegen will man weiterverwenden. An die Vorkriegstradition in der »MAN-Stadt« anknüpfend, kauft die Feuerwehr einen neuen MAN 415 L1 und läßt bei Metz in Karlsruhe die alte Drehleiter fachmännisch auf das neue Chassis setzen. So wird die »alte neue« Leiter im Sommer 1959 als DL 27 (26m + 1m Handauszug) in Dienst gestellt.

Dieses Beispiel für sparsames Haushalten war damals bei deutschen Feuerwehren noch üblich, heute kennt man so etwas nur noch aus dem Ausland!

Die ersten MAN-Feuerwehren von Bachert und Ziegler entstehen erst 1959/60. Bachert baut gleich ein komplettes Programm, bestehend aus LF 16, LF

Das erste von Bachert auf MAN gebaute LF 16 geht 1959 an die Werkfeuerwehr der MAN-Fabrik in Augsburg. Der MAN 415 L1 hat im Bereich der Türen und Kotflügel eine sehr ungewöhnliche Linienführung erhalten, wie sie nur bei den ganz frühen Bachert-Fahrzeugen zu finden ist.

Die dritte nach Argentinien gelieferte MAN/Metz DL 25 geht im Juni 1962 an die FF Quilmes. Verwendet wird ein MAN 415 L1.

16-TS und TLF 16, sowie etwas später auch ein TLF 16 T. Die beiden Löschfahrzeuge sind auf MAN 415 L1 montiert, die Tanklöschfahrzeuge auf MAN 520 L1. An den beiden 1959 gebauten LF 16 ist besonders die eigenartige Linienführung im Bereich der Kotflügel und Türen bemerkenswert. Bachert hat hier nicht die Originaltüren verwendet, sondern Eigenkonstruktionen geschaffen, die völlig plan sind, denen die übliche »Falte« der Kotflügelverlängerung fehlt. Ziegler baut ein LF 16 auf MAN 415 L1 und liefert es am 14. Juni 1960 an die BF Augsburg, danach ein TLF 16, das am 20. August 1960 an die FF Markgröningen geht.

Außer den Berufsfeuerwehren Nürnberg, Augsburg und Berlin erhalten zu Beginn der 60er Jahre auch viele Freiwillige Feuerwehren ihre ersten MAN-Fahrzeuge, z.B. Mechtersheim, Schongau, Tutzing und Bischofsheim. Insgesamt bleiben es aber zwischen 1957 und 1962 nur Einzelexemplare, schätzungsweise 60 Fahrzeuge der Typen 415 L1 und 520 L1, 25 davon sind allein in Berlin eingesetzt.

1962 werden die LKW-Modelle leicht verändert und mit neuen Bezeichnungen versehen. Die Haubenfahrzeuge erhalten das Kürzel »H«, die Frontlenker »F«. Der 415 L1 wird zum 415 H (bzw. HA in der Allradversion), der 520 L1 zum 520 H (HA), und der seit 1960 angebotene 635 L1 wird 635 H(HA). Einige größere Typen, zumeist Fernlaster, erhalten gänzlich andere Bezeichnungen nach Gesamtgewicht und PS-Zahl, wie es bei den Haubern erst ab 1972 eingeführt wird.

An Fahrgestell und Motor wird 1962 nichts verändert. Lediglich die Fahrerhäuser werden innen und außen ein wenig modifiziert. Äußerlich ist der Unterschied nur an den beiden zusätzlichen Chromleisten links und rechts der Scheinwerfer zu erkennen und an den darunterliegenden Luftschlitzen.

Einige Feuerwehren entscheiden sich Mitte der 60er Jahre für den etwas stärkeren und schnelleren MAN 635 H. Sein Sechszylindermotor leistet 135 PS bei 2500 U/Min und damit 15 PS mehr als der 520 H, so daß bei gleichen Abmessungen und gleichem Gesamtgewicht (11 t) ein besseres Leistungsgewicht erzielt wird. Für die unterschiedlich-

sten Zwecke und Einsatzgebiete werden die MAN 635 H (HA) als Basisfahrzeuge von Bachert, Ziegler und Metz verwendet: LF 16 für BF Nürnberg; TLF 16 und TroTLF 16 für BF Augsburg und FF Rüsselsheim; DL 30 für BF Berlin und FF Ansbach; TroLF 1500 für den Flughafen München; SW 2000 für FF Kornwestheim und andere. Doch auch diese Fahrzeugtypen bleiben im Feuerwehrbereich Einzelstücke, und nach 1965 werden kaum noch 635 H verkauft, obgleich die Produktion bis 1970 weitergeht. Auch vom MAN 520 H werden Mitte der 60er Jahre keine Fahrgestelle mehr von Feuerwehren

Die Firma Total baut 1963 ein TroLF 1500 für den Flughafen München. Damals war die offene Bauweise noch durchaus üblich, und so kann man die beiden Kessel mit jeweils 750 kg Pulver gut erkennen.

40

geordert. Die letzten Exemplare gehen 1964 als Metz DL 30 nach Berlin. 1966 wird die Herstellung der Typen 520 H und 520 F eingestellt.

1965 feiert MAN ein Jubiläum: 50 Jahre Lastwagenbau! Zu diesem Anlaß werden einige neue LKW-Typen wie die schweren Hauber der Modellreihe 850 und die Frontlenker mit kippbarem Fahrerhaus der Öffentlichkeit vorgestellt.

Für die Feuerwehren erlangen diese Fahrzeuge jedoch keinerlei Bedeutung. Trotzdem hat MAN 1965 auch für die Feuerwehren ein »Geburtstagsgeschenk« parat: die neue Typenreihe 450.

Um den schwieriger werdenden Einsatzbedingungen, besonders in großen Städten, zu entsprechen, baut MAN schnellere und wendigere Einsatzfahrzeuge mit größeren Leistungs- und Gewichtsreserven. Für ein zulässiges Gesamtgewicht von nunmehr 11,5 t steht ein 150-PS-Dieselmotor zur Verfügung. Der Motortyp D 0836 HM7 stammt von dem 12,5tonner 650 H. Es ist ein Sechszylinder-Reihenmotor mit einem Hubraum von 7035 cm³, der seine 150 PS bei 2500 U/Min abgibt. Da der MAN 450 eigens für die Feuerwehr entwickelt und auch nur dort eingesetzt wird, erhalten die Fahrzeuge auch besondere Kennungen. Die Löschfahrzeuge (LF 16 und TLF 16) werden mit den Radständen 3600mm und 4200mm angeboten und als MAN 450 H-LF, bzw. HA-LF in der Allradversion, bezeichnet. Das Drehleiterchassis mit einem Radstand von 4800mm heißt 450 H-DL (für Drehleitern gibt es natürlich keinen Allradantrieb).

Mit den 450ern kann MAN ab 1965 nun endlich in nennenswertem Umfang die Feuerwehren beliefern. Die nach wie vor produzierten Typen 415 H(HA) werden 1966/67 in nur noch wenigen Exemplaren von Feuerwehren bestellt. Die meisten entscheiden sich gleich für den stärkeren 450, der bis 1972 in 288 Einheiten für deutsche Feuerwehren gebaut wird. Nur bei Exportfahrzeugen (Argentinien, Schweiz, Belgien, u.a.) verwendet man während der späten 60er Jahre auch andere Fahrgestelle.

Den weitaus größten Teil der Feuerwehrfahrzeuge auf MAN 450 H(HA) machen die LF 16 und TLF 16 von Ziegler und Bachert aus. Man kann derartige Fahrzeuge in Augsburg, Kempten, Herborn, Coburg, Schonach, Wendelstein, Altötting, Rüsselsheim und vielen anderen Orten antreffen, und natürlich in Berlin, wo die MAN mit Aufbauten von Glasenapp und ab 1969 von Bachert in großen Stückzahlen beschafft werden. Es ist auch die Firma Bachert, die Ende der 60er Jahre erstmals LF 16 und TLF 16 auf MAN mit neuen Aufbauten und Rolladenverschlüssen (Lamellenverschlüsse) herstellt. Metz und Ziegler experimentieren zur gleichen Zeit mit nach oben schiebbaren Falttüren, geben aber wenige Jahre später diese Technik zugunsten von Lamellen wieder auf. Zwar hat Bachert bereits Mitte der 50er Jahre die ersten Löschfahrzeuge mit Lamellenverschlüssen angefertigt, doch es dauert noch über 20 Jahre, bis auch die letzten Falt- und Schwenktüren bei den Aufbauherstellern verschwinden.

Berlin jedenfalls setzt ab 1969 konsequent auf die metallblanken, staub- und wasserdichten Lamellenverschlüsse und bestellt nur noch solche Aufbauten bei Bachert. Durch die breite Bauweise der Verschlüsse ist es nun möglich, den Geräteraum in nur zwei anstatt drei oder vier separate Räume auf jeder Seite aufzuteilen. Dies erleichtert den Zugriff auf die Geräte und dient der Übersichtlichkeit in der Raumaufteilung. Bachert geht sogar so weit und baut 1975 ein TLF 16 auf MAN mit einem einzigen 3m breiten Lamellenverschluß auf jeder Seite. Doch dies bleibt ein kurioses Einzelstück. In der Praxis hat es sich nicht bewährt, zu groß ist die Gefahr des Verkantens und Verbiegens der langen Lamellen.

Neben den genormten TLF 16 gibt es auch einige Sonderausführungen, wie beispielsweise die TLF

16 T. Sie werden auch Niedersachsen-TLF genannt, da sie fast nur dort eingesetzt werden. Wegen der großen Wald- und Heidegebiete in Norddeutschland hat die niedersächsische Regierung bereits in den 50er Jahren Fahrzeuge in Auftrag gegeben, die den besonderen Einsatzbedingungen bei Waldbränden gewachsen sind. Zunächst als TLF 15 gebaut, später zum TLF 16 T umgewandelt, verfügen die Fahrzeuge über ein Serienfahrerhaus für eine Truppbesatzung von 1+2 (Bezeichnung »T« für Trupp). Die bei TLF 16 übliche Tankkapazität von 2400 l Löschwasser ist beim TLF 16 T auf 2800 l (in Einzelfällen bis 3200 l) erhöht, und viele Fahrzeuge besitzen einen Dachmonitor. Natürlich ist Allradantrieb Grundvoraussetzung für einen zielgerichteten Einsatz abseits der Straßen.

Die meisten dieser in ganz Niedersachsen verbreiteten Tanklöschwagen baut Metz auf Mercedes-Chassis. Doch Firmen wie Bachert, Ziegler, Graaf und Arve benutzen vereinzelt auch untypische Lastwagenmarken wie Ford, Borgward und MAN. Mindestens vier TLF 16 T liefert Bachert während der 60er Jahre an Freiwillige Feuerwehren in Niedersachsen. Zwei Exemplare auf MAN 450 HA-LF baut Ziegler für die FF Wolfsburg und FF Weener, und Arve fertigt ein durch seinen tiefgezogenen Aufbau besonders ungewöhnliches Stück auf MAN 415 HA für die FF Hodenhagen neben weiteren Fahrzeugen, unter anderem für die FF Springe.

Recht selten sind Drehleitern auf dem MAN 450 H-DL. Außer einigen wenigen Fahrzeugen für Berlin, ab 1966 bereits mit Korb, gibt es nur noch eine weitere Magirus-Leiter, 1969 für Augsburg gebaut. Erst kürzlich wurde die Drehleiter ausgemustert und nach Portugal überführt. Ebenso wie die Berliner Fahrzeuge verfügt auch die Augsburger Leiter über die damals neue hydraulische Schrägabstützung. Metz baut zwar während der 60er Jahre rund 45 Drehleitern auf MAN-Fahrgestelle, doch die wenigsten davon sind auf den MAN 450 H-DL montiert. Vermutlich sind es auch nur sieben oder acht Exemplare, darunter fünf für die BF Berlin, eines für eine Privatfirma in Ottmarsbocholt und ein letztes, im März 1972 ausgeliefert, für die FF Neckargemünd. Weitaus mehr Drehleitern werden auf die Modelle 520 H und 635 H aufgesetzt, vor allem für Berlin und Buenos Aires. Darüberhinaus gibt es aber noch einige Sonderausführungen und Exportmodelle.

In Deutschland einmalig sind die Drehleitern für Kleve und Rüsselsheim. In den 50er und 60er Jahren stehen bei vielen deutschen Feuerwehren 37-m-Leitern im Fuhrpark, aber nur die FF Rüsselsheim

erhält 1964 eine fünfteilige Metz DL 37 auf einem MAN. Auch das Chassis selbst ist eine Besonderheit, das äußerst selten für Feuerwehrfahrzeuge verwendete Modell MAN 770 H mit einem 172 PS starken Dieselmotor. Der 14tonner ist in Allradausführung für den schweren Baustelleneinsatz konzipiert, und er wird auch fast nur dort eingesetzt. 1964 wird aus dem 770 H der 780 H bei gleicher Klassifikation. Lediglich der Motor wird einer leichten Leistungssteigerung unterzogen, so daß die Fahrzeuge nun 180 PS unter der Haube haben. Von diesen Fahrgestellen, äußerlich mit dem Rüsselsheimer identisch, läßt sich Buenos Aires 1966/67 vier mit Metz DL 37 liefern.

Die FF Kleve wiederum erhält 1966 die kleinste hydraulische Drehleiter, die man jemals auf einen MAN montiert, eine DL 18. Leitern dieses Typs wer-

Mit einer Nutzlast von 7,5 t ist der **MAN 770 HA** bei Feuerwehren kaum zu finden. Eine der wenigen Ausnahmen ist das Metz-Zumischerlöschfahrzeug mit 4500 l Schaummittel, das 1964 an die Werkfeuerwehr ERIAG geliefert wird.

den gewöhnlich auf Chassis mit 3 t Nutzlast aufgebaut. Vielleicht wollte man in Kleve unbedingt einen MAN und da kein kleiner Dreitonner lieferbar ist, kauft man den 450 H-DL.

Argentinien erhält auch andere seltene Leiterfahrzeuge der Firmenkonstellation MAN/Metz. 1964 ordert Buenos Aires eine große DL 52 auf dem MAN 1080 H mit langem Radstand. Es ist das stärkste zweiachsige Fahrgestell damals unter allen Haubern, aufgelastet für ein Gesamtgewicht von fast 19 t. Angetrieben wird das Ungetüm von einem 180-PS-Motor. Wie alle Leiterfahrzeuge für Argentinien verfügt auch die DL 52 über eine eingebaute Mittelpumpe des Typs FPM 25/8 (3500 l/Min). Die sechsteilige hydraulisch-mechanisch betätigte Stahlleiter führt an der Unterseite einen Fahrkorb für zwei Personen. Es ist die höchste jemals in Argentinien eingesetzte Feuerwehrleiter.

Drei Drehleitern gelangen Ende der 60er Jahre ebenfalls nach Argentinien. Eine DL 44 ist für die Stadtwerke Buenos Aires, zwei weitere DL 44 sind für die Feuerwehr La Plata. Aufgebaut sind die voll-

hydraulischen Metz-Leitern auf MAN 12. 186 H mit 5200 mm Radstand und einer eingebauten Pumpe des Typs FPM 24/8 (2800 l/Min). Motorisiert sind die Fahrzeuge mit dem MAN-Diesel D 2146 M, der eine Leistung von 186 PS bei 2200 U/Min und ein Fahrzeuggesamtgewicht von 19 t aufweist.

1970 bestellt ein afrikanisches Land bei Metz eine DL 30: Gabun. Interessanterweise wird die Drehleiter auf einem MAN geordert, auf dem 13-t-Chassis des Typs 8.160 H mit einem 160 PS starken Dieselmotor. Etwa gleichzeitig erhält eines unserer Nachbarländer eine Metz-Leiter auf einem MAN. Die Feuerwehr Muttenz kauft die einzige in die Schweiz gelieferte MAN/Metz DLK 30. Vereinzelt gelangen auch MAN-Löschfahrzeuge in die Schweiz. So baut Bachert beispielsweise schon 1965 für die Feuerwehr Romanshorn ein Tanklöschfahrzeug. Das Fahrzeug besitzt eine Pumpe mit einem Ausstoß von 2800 l/Min und ein seltenes Fahrgestell, einen MAN 650 HA. Möglicherweise ist es sogar das einzige Haubenfahrzeug dieses Typs im Feuerwehrdienst. Während der Motor der gleiche ist wie beim

450 H ist das Chassis stärker ausgelegt, für ein Gesamtgewicht von 12,5 t in der Allradversion.

Unser nördlicher Nachbar Dänemark erhält auch Ende der 60er Jahre erstmals MAN-Feuerwehrfahrzeuge. Zunächst einen Tankwagen bzw. Tanklöschwagen auf MAN 635 H der Rettungsorganisation Falck. Ausgestattet mit einem großen Wassertank (7000 l), einer Pumpe und einem Monitor, fährt der Wagen im zweiten Abmarsch zur Löschwasserversorgung in den ländlichen Gebieten Jütlands. Wenig später, 1969, erhält die FF Sonderburg von Ziegler ein Tanklöschfahrzeug auf MAN 450 H-LF, das, wie die meisten dänischen TLF, weitgehend den deutschen Normfahrzeugen entspricht.

Zu jener Zeit laufen auch etliche Sonderfahrzeuge auf MAN 450 H(HA) bei deutschen Feuerwehren: Die Feuerwehrschule in Regensburg beschafft 1965 einen SW 2000 von Ziegler; die FF Bottrop erhält 1966 von Bachert ein GW-Öl; im selben Jahr baut

Die dänische Rettungsorganisation Falck ist ein langjähriger Stammkunde von MAN. Eines der ersten MAN-Fahrzeuge bei Falck ist der abgebildete Großtankwagen mit 7000 l Löschwasser. Das Chassis ist ein MAN 635 H.

Metz exportiert 1963 einen RKW 10 nach Argentinien. Als Basis für den 10 t hebenden Demag-Kran dient ein MAN 1070 HA mit 172 PS starkem Dieselmotor.

Metz einen GW 2 für den Landkreis Offenburg; 1968 bekommt die FF Kempten ein TroTLF; 1969 kaufen die Werkfeuerwehren der Firmen Dornier und Eriag TroLF 3000 und TroLF 2000 mit Minimax-Pulverlöschanlage; 1971 und 1972 erhalten die Feuerwehren Kornwestheim und Friedrichshafen RW 2 von Ziegler; Bachert baut 1972 den letzten MAN 450 HA-LF für die BF Berlin – ein Schaumtanklöschfahrzeug – und stellt ihn auf der Fachmesse »Interschutz« in Frankfurt aus.

Zu den faszinierendsten Feuerwehrfahrzeugen von MAN gehören während der 60er Jahre die Rüstkranwagen (RKW) und Kranwagen (KW). Die meisten RKW 10 baut Metz auf große Mercedes-LKW, doch 1963 wird erstmals seit dem Nürnberger RKW 10 von 1955 wieder ein Fahrzeug von MAN gefertigt. Besteller ist wieder einmal die Feuerwehr Buenos Aires, die nur MAN/Metz-Fahrzeuge beschafft. Der Demag-Kran ist in gleicher Bauausführung wie beim Nürnberger Fahrzeug, er hat demzufolge eine Tragfähigkeit von 10 t. Der Drehteller des Krans ist auf der Hinterachse des MAN montiert, und davor befindet sich ein zweiteiliger Geräteraum. Das 16 t schwere Fahrzeug verfügt über eine serienmäßige Truppkabine und eine Vorbauseilwinde mit einer Zugkraft von 10 t. Als Fahrgestell dient ein MAN 1070 H mit einem 172-PS-Motor. Es ist das gleiche Chassis, das für die wenige Monate danach gelieferte DL 52 verwendet wird. Nur ist die Bezeichnung 1070 H zwischenzeitlich durch 1080 H ersetzt worden, und damit ist eine Erhöhung der Motorleistung auf 180 PS erfolgt.

Zwei weitere RKW 10 für Argentinien baut Metz 1967 und 1972. Die Fahrzeuge sind beinahe identisch. Wieder kommt die elektrische Krananlage von Demag zum Einsatz, ebenso die mechanische Abstützung mit Spindeln und die Rollenabstützung am Heck. Die Spillwinde (8 t) und die Vorbauseilwinde (9 t) werden über Nebenantrieb vom Fahrmotor aus bedient. Im Gegensatz zum 63er RKW für Buenos Aires besitzen die beiden späteren Fahrzeuge eine große Mannschaftskabine für eine Besatzung von 1+5 und dahinter den Geräteraum. Für die wuchtigen Fahrzeuge wird der MAN 12.186 HA mit 5200 mm Radstand und einem Gesamtgewicht von rund 18 t gewählt. Das 1967 gelieferte Modell unterscheidet sich nur in einem Punkt vom 72er Fahrzeug: eine veränderte Kühlerhaube. Das für die Feuerwehr Santa Fe gebaute 72er Fahrzeug hat bereits die modifizierte Bauweise mit veränderter Anordnung der Scheinwerfer und vollständig klappbarer Frontpartie. Mit dem 1972 ausgelieferten RKW 10 beendet Metz die Produktion dieser Bauart von Kranfahrzeugen. Die Anforderungen an die Feuerwehren sind gestiegen, eine Tragfähigkeit von 10 t reicht nicht mehr aus. Höhere Lasten lassen sich mit dieser veralteten Technologie jedoch kaum bewältigen. So kaufen sich die Feuerwehren leistungsfähigere Kranfahrzeuge bei den einschlägigen Spezialfirmen.

Eine dieser Feuerwehren, die bereits 1969 ein neues Kranfahrzeug bei der Maschinenfabrik Langenfeld ordert, ist die BF Hannover. Noch nicht in den Dimensionen der 70er Jahre mit 30 t bis 40 t Tragfähigkeit, begnügen sich die Hannoveraner mit einem 18-t-Kran (KW 18). Es ist der einzige Kran dieses Typs bei einer deutschen Feuerwehr, zudem ist es 1969 das erste Feuerwehrfahrzeug, für das ein schweres Dreiachsfahrgestell von MAN verwendet wird. Als Kranunterbau dient ein MAN 22.230 DHAK (6x6), das damals schwerste Baustellenchassis aus dem Hause MAN. Zugelassen ist das Fahrzeug für 28,7 t, Einsatzgewicht des KW 18 ist 23,9 t. Unter der Haube versieht ein Sechszylindermotor des Typs D 2356 HM2 (10.620 cm^3) mit einer Leistung von 230 PS bei 2200 U/Min seinen Dienst.

Eine eingebaute Hydraulikseilwinde mit 70 m Drahtseil erreicht eine Zugkraft nach hinten über Umlenkung von 20 t und nach vorn von 10 t. Der »Abschleppgalgen« am Heck ist ausfahrbar und schafft

Den letzten RKW 10 liefert Metz 1972 wiederum nach Argentinien. Die Demag-Krananlage ist seit dem ersten Fahrzeug dieser Bauart (1952) fast unverändert geblieben, erfüllt aber kaum noch die Anforderungen der Feuerwehren während der 70er Jahre.

8 t Last fahrend. Der Kranaufbau arbeitet hydraulisch über zwei Motoren zum Heben, Schwenken und Ausfahren des Auslegers. Auch die vier Abstützungen werden hydraulisch betätigt. Das im Februar 1970 in Dienst gestellte Fahrzeug dient noch immer der Reserve, es wird voraussichtlich 1994 ausgemustert.

1969 ist das Jahr, in dem die MAN-Hauber einer »Schönheitsoperation« unterzogen werden. Auf der Frankfurter Automobilausstellung werden die schweren Baustellenfahrzeuge erstmals mit einer veränderten Haube vorgestellt. Die in den Kotflügeln liegenden Scheinwerfer werden in die Stoßfänger verlegt, so daß nur die Luftschlitze in den Kotflügeln bleiben. Zur Wartung und Reparatur des Motors war bislang der Zugang nur von oben durch den geöffneten Kühlerhaubendeckel möglich. Bei den neugestalteten Haubern kann man nun die gesamte Frontpartie hochklappen – Haube mit Kotflügel – und gewinnt dadurch einen erheblich besseren Zugang zum Motor.

Im Feuerwehrbereich wirkt sich die Neuerung zunächst noch nicht aus, da die kleinen Haubentypen 415 H(HA) und 450 H(HA) weiterhin in der alten Form hergestellt werden. Nur einige Exportmodelle,

die auf stärkeren Chassis aufgebaut sind, erhalten bereits das neue Design, wie beispielsweise die Metz DL 30 für Gabun (1971), das FLF 6000 (1970) und der RKW 10 (1972) für Argentinien, aber auch das einzige MAN-Gelenkbühnenfahrzeug in Deutschland, das 1972 an die Werkfeuerwehr der MAN-Fabrik Augsburg geliefert wird. Obwohl die holländische Firma Maschinenfabrik Alkmaar 1969 eigens eine »Deutschlandtournee« zu 20 Feuerwehren durchführt, will niemand eine Gelenkbühne kaufen. So bleibt denn auch jenes Gerät des Typs 622, aufgebaut auf MAN 9.160 H, das die WF MAN 1972 für rund 110.000,– DM beschafft, das einzige dieser Art in Deutschland. Die zweiarmige hydraulische Gelenkbühne erreicht eine Korbhöhe von 22 m.

Etwa gleichzeitig wird ein weiteres Gelenkbühnenfahrzeug auf MAN-Hauber ausgeliefert. Die Feuerwehr Buenos Aires kauft bei Simon in England eine SS 85 (26 m Korbhöhe) und läßt sie, wie sämtliche Fahrzeuge damals, auf einen MAN montieren. Das verwendete Fahrgestell ist indes nicht bekannt, vermutlich ist es ein MAN 19.168 H oder ein 19.192 H. Es ist auch nicht sicher, ob Buenos Aires nur einen einzigen MAN/Simon erhalten hat oder ob seinerzeit mehrere Exemplare bestellt werden. Fest steht nur, daß für Europa keine derartigen Fahrzeuge gebaut werden.

1972 gibt es wieder gravierende Veränderungen bei MAN, auch die Feuerwehren betreffend. Zunächst einmal übernimmt MAN Ende 1971 die Firma Büssing und baut einige LKW des Büssing-Programms weiter, z.B. die berühmten Unterflurwagen für den Fernverkehr. Ab Baujahr 1972 prangt nun an sämtlichen MAN-Lastwagen das Büssing-Symbol: der Burglöwe. In jenem Jahr bringt MAN eine neue Typenreihe für die Feuerwehren heraus, die Modelle 11.168 H(HA) und 13.168 H, die die alten Hauber 415 H(HA) und 450 H(HA) ablösen.

Versehen mit der neugestalteten Front, neuen Achsen, erhöhter Nutzlast und neuen Motoren wird erstmals auf der »Interschutz« 1972 in Frankfurt, auf dem Bachert-Stand, ein TLF 16 auf MAN 11.168 HA-LF vorgestellt. MAN selbst hält es nicht für notwendig, auf der Fachmesse mit einem eigenen Stand vertreten zu sein und ein komplettes Fahrzeugprogramm in Feuerwehrausführung zu präsentieren. Metz stellt auf der gleichen Messe eine Drehleiter auf MAN aus. Das Fahrzeug ist eine Art Zwitter: ein altes Fahrgestell mit einem neuen Motor. Den MAN 8.168 H hat es eigentlich nie gegeben, die Metz DLK 30 für Dänemark ist das einzige bekannte Exemplar. Üblicherweise wurde der 13tonner von MAN nur mit 156 PS oder 160 PS gebaut (8.156 H und 8.160 H). Die 168-PS-Maschine ist eine Neukonstruktion von 1972, und sie wird nur in Fahrgestelle der Typen 11.168 H und 13.168 H gebaut.

Der Dieselmotor gehört zu einer neuen Motorengeneration, die ab 1972 in die Herstellung geht. 1970 haben die beiden Konkurrenten MAN und Mercedes einen Kooperationsvertrag unterzeichnet, der die Zusammenarbeit bei der Teilefertigung vorsieht. Komponenten für Motoren und Fahrzeugteile sollen jeweils in nur einer Fabrik hergestellt und für die Produktion beider Firmen verwendet werden. So liefert Mercedes bestimmte Baugruppen an MAN, und MAN schickt andere Komponenten an Mercedes. Ein wesentlicher Grund dieses eher ungewöhnlichen Verfahrens ist die Senkung der Produktionskosten durch größere Stückzahlen. Doch es gibt noch einen anderen Hintergrund: Die Bundeswehr plant zu jener Zeit eine Folgegeneration ihrer Geländelastwagen und strebt die Vereinheitlichung bestimmter Komponenten bei verschiede-

Ein MAN 12.215 HA mit 5200 mm Radstand dient Metz als Basis für ein Flughafenlöschfahrzeug mit 6000 l Löschwasser und sechs Flaschen à 30 kg CO_2. Eine Metz-Pumpe des Typs FPH 16/8 leistet 3000 l/Min. Zusammen mit zwei weiteren MAN-Fahrzeugen wird das FLF 6000 seit 1970 auf dem Flughafen Buenos Aires eingesetzt.

In bester Verfassung zeigt sich der alte MAN Z 1, der 1953 zu einem Drehleiterfahrzeug umgebaut wird und bis 1967 bei der FF Dillingen läuft.

Die BF Berlin kauft während der 60er Jahre etliche Metz DL 30 auf MAN 520 H, 450 H und 635 H. Äußerlich gleich, unterscheiden sich die Fahrzeuge nur durch die Motortypen. Abgebildet ist ein MAN 635 H mit hydraulischer Metz-Leiter von 1964, ursprünglich in Berlin eingesetzt und heute bei der FF Pattensen in Dienst.

Ab 1969 baut Bachert für
die BF Berlin zahlreiche
LF 16 mit zweiteiligen
Aufbauten und Lamellen-
verschlüssen. Das Foto
zeigt einen MAN 450
HA-LF aus dem Jahr 1970.

1971 erhält die FF Springe ein TLF 16 T auf MAN 450 HA-LF. Natürlich stammt der Aufbau von der lokalen Karosserie-schmiede Arve.
Pumpe: Ziegler FP 16/8, Tank: 3200 l Löschwasser + 6 Kanister à 20 l Schaummittel.

Auf das schwere Kipper-fahrgestell MAN 22.230 DHAK (6x6) baut die Maschinenfabrik Langen-feld einen Kranaufbau für 18 t Hubkraft. Die BF Hannover stellt das Fahr-zeug Anfang 1970 als KW 18 in Dienst.

Ein Löschgruppenfahr-
zeug in Sonderausführung
(LF 16 S) erhält die BF
Salzgitter 1983.

Bachert baut auf einen
großen MAN 16.240 HA mit
4600 mm Radstand einen
Aufbau mit integriertem
Mannschaftsraum,
Wassertank (2400 l) und
Schaumtank (200 l).

Die erste von Metz auf einen MAN mit Trupp-fahrerhaus gesetzte DLK 30 geht 1975 nach Dänemark und wird in Falcks größter Feuer-wache in Esbjerg ein-gesetzt.

Noch heute steht die
Magirus DLK 23/12 auf
MAN 13.168 H-DL (Baujahr
1975) bei der BF Nürnberg
im Reservedienst.

Der Landkreis Weilheim-Schongau erhält von Bachert zwei schwere Rüstwagen (RW 3) auf MAN 16.240 HAK. Das bei der FF Penzberg stationierte Fahrzeug wird 1975 ausgeliefert.

Ab Mitte der 70er Jahre kauft Falck eine ganze Reihe 13-tonner bei MAN und läßt sie in der konzerneigenen Aufbaufirma Nielsen als Tanklöschfahrzeuge ausrüsten. In nahezu sämtlichen Falck-Feuerwachen findet man die MAN/Nielsen TLF, so auch in Haderslev, wo der abgebildete MAN 13.168 HA-LF seit 1976 eingesetzt wird.

Als einzige Feuerwehr besitzt die BF Salzgitter einen schweren MAN-Hauber mit Staffelkabine als RW 3.

Bachert fertigt den Rüstwagen 1973 nach den Wünschen der Feuerwehr auf einem MAN 16.256 HAK.

nen Herstellern an. Vermutlich nur deshalb lassen sich die beiden Hauptlieferanten für den Auftrag zur Zusammenarbeit bewegen. Trotz vieler Gemeinsamkeiten bleiben dennoch die Unterschiede der Motorenkonzeption erhalten. Mercedes favorisiert die V-Motoren, während MAN mehr in Richtung Reihenmotoren arbeitet.

Das Ergebnis der Motorenentwicklung bei MAN ist die 1972 vorgestellt Motorenfamilie D 25, die fortan in nahezu alle Lastwagen eingebaut wird und Leistungen von 168 PS bis 320 PS liefert.

Für normtreue Feuerwehrfahrzeuge wird zunächst nur der 168 PS starke D 2555 M angeboten, sowohl für das 11-t-Fahrgestell (LF 16, TLF 16, RW 2) als auch für das 13-t-Leiterfahrgestell. Ab Ende 1973 gibt es dann für beide Chassis auch den Motortyp D 2555 MX, der 192 PS bei 2300 U/Min leistet.

Somit stehen den Feuerwehren ab Baujahr 1974 für Lösch- und Sonderfahrzeuge vier Fahrgestelle mit zwei Motorvarianten jeweils mit 3700 mm oder 4100 mm Radstand mit und ohne Allrad zur Verfügung (11.168 H-LF(HA-LF) + 11. 192 H-LF/HA-LF) sowie ein weiteres Chassis mit 5000 mm Radstand und zwei Motoren für die 30-m- und 37-m-Leitern (13.168 H-DL + 13.192 H-DL). Mit diesen zehn speziell auf die Bedürfnisse der Feuerwehr zugeschnittenen Fahrgestellen schafft sich MAN alle Möglichkeiten, in die scheinbar uneinnehmbare Phalanx von Magirus und Mercedes (andere LKW-Firmen gab es ja nicht mehr in Deutschland) einzudringen. Und obwohl während der 70er Jahre bei deutschen Feuerwehren soviele MAN in Dienst gestellt werden wie nie zuvor, bleiben es doch immer nur Einzelerfolge, wenn hier und da ein paar Fahrgestelle abgesetzt werden können. Lediglich Berlin bestellt nach wie vor große Kontingente. Allein 1973/74 erhält die BF Berlin von Bachert zwölf LF 16 und neun TLF 16 auf dem neuen MAN 11.168 HA-LF. Daß MAN letztlich nicht annähernd die Stückzahlen der Mitanbieter erreichen kann, muß wohl in erster

Linie der Verkaufspolitik der Firma selbst zugeschrieben werden. Viele Feuerwehren damals haben überhaupt keine Ahnung, daß MAN besondere Fahrgestelle anbietet und daß diese es durchaus mit jedem Magirus oder Mercedes aufnehmen können. Aber wer bestellt schon ein Fahrzeug, das er nicht kennt? Es wäre die Aufgabe der Verkaufs- und Werbestrategen gewesen, der Kundschaft die Fahrzeuge »schmackhaft« zu machen. Wie das geht und daß es auch funktioniert, haben sie schließlich zehn Jahre später mit den Frontlenkermodellen bewiesen, die der Konkurrenz mittlerweile ordentlich zugesetzt haben.

Bei den Firmen, die während der 70er Jahre ihre Aufbauten auf MAN-Hauber setzen, liegt Bachert eindeutig an der Spitze, schon wegen den mehr als 60 Fahrzeugen für Berlin. Nürnberg kauft seine TroTLF 16, RW und LF 16 fast ausschließlich bei Metz. Mit Ausnahme von vier Fahrzeugen für die BF Augsburg (LF 16, RW-Öl, zwei TLF 16) liefert Ziegler nur an Freiwillige Feuerwehren, unter anderem LF 16 für Kornwestheim und Ronnenberg, TLF 16 für Petershausen und Trostau, RW 2 für Altötting und Flörsheim sowie als Einzelstücke zwei sogenannte TLF 24/55-5 für die BF Mainz und die FF Ansbach. Zieglers Tanklöschfahrzeuge mit Truppfahrerhaus und zwei Tanks (5500 l Wasser + 500 l Schaummittel) sind die Vorläufer der wenig später genormten TLF 24/50. Als Basis dienen die großen allradgetriebenen Haubenkipper MAN 16.200 HAK (Mainz) und 16.240 HAK (Ansbach). Diese interessanten Fahrzeuge finden einen seltenen Nachahmer. 1981 baut die Firma Heines – eigentlich nur sporadisch im Feuerwehrbereich tätig – für die Landesfeuerwehrschule in Münster ein normgetreues TLF 24/50 auf dem MAN 15.240 HAK.

Die TLF 24/50 sind gewissermaßen eine vergrößerte Ausgabe des Niedersachsen-TLF. Versehen mit Truppkabine und aufgebaut auf 15-t- oder 16-t-Chassis führen sie 5000 l Wasser und 500 l

Schaummittel. Die Feuerlöschpumpe FP 24/8 ist für eine Nennförderleistung von 2400 l/Min ausgelegt. Alle Aufbauhersteller haben diese Fahrzeuge seit Mitte der 70er Jahre in größeren Mengen produziert. Auf Hauben-MAN sind sie jedoch die Ausnahme.

Metz wickelt 1972/73 wieder einen Großauftrag für Argentinien ab. Mehr als ein Dutzend TLF werden bestellt. Da sie nicht der deutschen Norm entsprechen, werden sie auch nicht auf Normfahrgestelle gebaut. Zum Einsatz kommen vielmehr die MAN 8.160 H, zwar bereits mit neuer Frontpartie, aber noch mit alten Motoren des Typs D 0846 HM2 (160 PS bei 2500 U/Min). Auf Wunsch der Argentinier erhalten die Aufbauten herkömmliche Drehtüren. Die Fahrzeuge führen einen 3000-l-Wassertank und eine Pumpe mit einem Ausstoß von 1600 l/Min. Bacherts Großkunde Berlin läßt 1973 erstmals einen kompletten Löschzug mit Automatikgetrieben ausrüsten. LF 16 und TLF 16 auf MAN 11.168 HA-LF sowie eine 30-m-Leiter auf MAN 13.168 H-DL erhalten die vollautomatischen Allison-Getriebe, die sich in Testfahrzeugen bereits bewährt haben und die den Fahrern bei Alarmfahrten die Arbeit erleichtern. Im Laufe der Jahre werden die meisten neuen Fahrzeuge in Berlin mit Automatik ausgestattet.

Einige Jahre später entwickelt die BF Berlin ein neues Löschzugkonzept und beauftragt Bachert mit dem Bau von zwei Prototypen. Bachert liefert die beiden Sondermodelle 1977/78 auf MAN 11.168 HA-LF mit serienmäßigem Truppfahrerhaus. Aus Kostengründen ist der Mannschaftsraum im Aufbau integriert (nach diesem Konzept entstehen auch zwei LF 16 für die BF Salzgitter). Das eine Berliner Fahrzeug wird als Hilfeleistungsfahrzeug (HF 2) bezeichnet, eine Kombination aus kleinem Rüstwagen und Tragkraftspritzenfahrzeug. Im Aufbau befindet sich eine eingeschobene Bachert TS 8/8 (800 l/Min), ein Generator, Schlauchmaterial und diverse Geräte für die technische Hilfeleistung. Im

vorderen Teil des Aufbaus ist ein kleiner abgetrennter Raum mit Sitzbank für zwei Männer. Zugang gibt es nur von der Beifahrerseite durch eine zweiflügelige hydraulische Schwingtür.

Das zweite Fahrzeug, ein LF 24, hat demgegenüber auf beiden Seiten Schwingtüren und bietet für sechs Feuerwehrmänner Platz. Im Aufbau ist eine festeingebaute Pumpe FP 24/8 (2400 l/Min), ein Wassertank (1600 l) und ein Schaummitteltank (500 l). Mit dem genormten LF 24 hat dieses Fahrzeug, außer der Pumpe, nichts gemeinsam. Beide Fahrzeuge stehen einige Jahre bei der BF Berlin in der Erprobung, bevor sie an die FF Spandau abgegeben werden.

Bewährt haben sich die Fahrzeuge offenbar nicht, denn es blieben Einzelstücke. Das Konzept wurde in dieser Form nicht weiter verfolgt, statt dessen wird zu Beginn der 80er Jahre in Berlin das sogenannte Lösch- und Hilfeleistungsfahrzeug (LHF 16) entwickelt, das heute zum festen Bestandteil des Löschzuges gehört.

Berlin kauft auch zahlreiche neue Leiterfahrzeuge von MAN. Nachdem man in den 60er Jahren Metz

Wie so viele Fahrzeuge der BF Salzgitter, so ist auch das TroTLF 16 von 1976 eine Sonderanfertigung von Bachert. Nicht der übliche Elftonner findet Verwendung, sondern das 15-t-Kipperfahrgestell MAN 15.240 HAK, erkennbar an der langen Kühlerhaube. Im vorderen Geräteraum befindet sich die 750-kg-Pulverlöschanlage.

58

favorisierte, kommt während der 70er Jahre auch Magirus wieder zum Zuge. Auf Grund der Norm von 1969 werden nur noch 30-m-Leitern mit Korb beschafft, später umständlicherweise DLK 23/12 genannt, das heißt Rettungshöhe von 23 m bei 12 m Ausladung. Zunächst werden die auf den 13-t-Chassis aufgebauten Leitern noch mit Staffelkabine (1+5) und 168-PS-Motoren geordert, später kommen nur noch Fahrzeuge mit 192-PS-Maschinen und Truppkabinen (1+2) zum Einsatz. Die letzten DLK 23/12 auf MAN-Hauber für die Berliner Feuerwehr werden 1983 in Dienst gestellt.

Nürnberg, treuer Metz-Kunde während der 60er und 70er Jahre, entscheidet sich, im Gegensatz zu den Löschfahrzeugen, bei Drehleitern für die Firma Magirus. So kommen zwischen 1973 und 1976 vier Magirus DLK 30 auf MAN 13. 168 H-DL noch mit Staffelkabine nach Nürnberg. Weitere Magirus-Leitern auf MAN – außerhalb von Berlin und Nürnberg – sind aus jener Zeit nicht bekannt.

Metz hingegen liefert eine Reihe Normdrehleitern auf MAN-Fahrgestellen an deutsche Feuerwehren, durchweg aufgebaut auf MAN 13.168 H-DL und MAN 13.192 H-DL. Solche Fahrzeuge erhalten unter anderem die Feuerwehren Backnang (1975), Eschborn (1975), Lübeck (1980) und Hausach/Kinzigtal (1974). Weitere Leiterfahrzeuge von Metz gehen ins Ausland. In Dänemark werden sechs MAN/Metz

Für die steigende Zahl der ölschadensfälle beschafft die BF Augsburg 1976 einen RW-Öl. Ziegler fertigt das Sonderfahrzeug auf einem MAN 11.168 HA-LF.

59

DLK 30 verkauft, fünf davon an Falcks Rednings-korps zwischen 1972 und 1978. Bis auf das erste Exemplar sind alle anderen Leitern auf MAN 13.168 H-DL, teils mit Trupp-, teils mit Staffelkabine, aufgebaut. Noch heute findet man diese Fahrzeuge beispielsweise in den Falckwachen in Tastrup, Svendborg und Esbjerg.

Überhaupt ist Falck einer der wichtigsten Abnehmer von MAN-Feuerwehrfahrzeugen seit jener Zeit. Das erste Löschfahrzeug kauft Falck 1973 komplett bei Metz, ein Standard-TLF auf MAN 11.168 H-LF, fast nach deutscher Norm.

In der Folge werden nur noch selten komplette Fahrzeuge nach Dänemark exportiert. Falck kauft die Fahrgestelle und läßt die Aufbauten bei der Firma Nielsen fertigen. H.F. Nielsen's Maskinfabrik gehört seit 1971 zum Falck-Konzern, und so liegt es nahe, neben Abschleppern auch Feuerwehrfahrzeuge für den »Hausgebrauch« dort bauen zu lassen.

Im Gegensatz zu deutschen TLF 16 oder LF 16, die alle auf den Elftonnern basieren, entscheidet sich Falck schon früh für die 13-t-Version, also die Chassis MAN 13.168 H-LF und 13.192 H-LF, um größere Gewichtsreserven zu haben. Die Fahrzeuge führen einen Wassertank für 2400 l oder 2600 l und Schaummittel in Kanistern (80 l bis 120 l). Nielsen verwendet ausschließlich die schwedischen Ruberg-Pumpen mit einer Förderleistung von 2000 l/Min. Da die dänischen Normen den deutschen stark angenähert sind, entspricht die Zusatzausrüstung an Schlauchmaterial, Atemschutzgeräten und ähnlichem weitgehend den deutschen TLF 16. Die MAN/Nielsen-Tanklöschfahrzeuge bilden lange Jahre das Rückgrat eines jeden Falck-Löschzuges, in beinahe jeder Wache waren sie anzutreffen. Als man sich bei Falck Mitte der 80er Jahre für die kleinen MAN/VW als TLF entscheidet, kommen die meisten 13tonner in die Reserve. Gelegentlich findet man bei Falck auch andere MAN-Fahrzeuge, zum Beispiel Abschlepper und Tankwagen, sowohl

als zweiachsige 16tonner als auch als dreiachsige 22tonner mit 15.000 l Wasservorrat, gebaut von Nielsen. Damit ist die Firma Nielsen der viertwichtigste Aufbauhersteller für MAN-Hauber nach Metz, Bachert und Ziegler.

Doch auch bei deutschen Feuerwehren werden zwischen 1972 und 1983 noch einige interessante und seltene MAN in Dienst gestellt, beispielsweise Rüstwagen. Die schweren, zeitweilig genormten Rüstwagen des Typs RW 3 werden fast nur von Berufsfeuerwehren und wichtigen Stützpunktfeuerwehren eingesetzt. Ihre umfangreiche Beladung zur technischen Hilfeleistung beinhaltet unter anderem: Schutzkleidung; Werkzeug; Geräte zum Schneiden, Abstützen, Heben und Trennen; Beleuchtung; Auffangbehälter und Bindemittel. Gemäß Norm ist ein Lichtmast mit drei Scheinwerfern (3000 Watt) eingebaut, ein 20- bis 25-KVA-Generator und eine Seilwinde mit 15 t Zugkraft. Als Fahrgestell ist ein 16-Tonnen-Chassis mit Allradantrieb vorgeschrieben.

Eines der allerersten LF 16 auf dem neuen MAN 11.168 HA-LF entsteht 1972 bei Ziegler im Auftrag der FF Ronnenberg. Zu jener Zeit sind die hochklappbaren Falttüren sehr verbreitet.

Ein normgetreues TLF 16 aus den 70er Jahren auf MAN 11.168 HA-LF, wie es von allen Aufbauherstellern gebaut wurde. Das abgebildete Fahrzeug geht 1977 an die FF Petershausen.

Von diesen schweren RW 3 gibt es fünf Exemplare auf MAN-Haubenfahrgestellen, zwei von Metz und drei von Bachert. Die ersten beiden werden 1973 von den Feuerwehren Nürnberg und Salzgitter in Dienst gestellt. Das Nürnberger Fahrzeug ist einer der seltenen MAN 15.200 HAK, für dessen Aufbau Metz noch Falttüren verwendet. Der zweite von Metz gebaute RW 3 wird im September 1978 an die Landesfeuerwehrschule in Münster geliefert. Diesmal kommt ein MAN 16.240 HAK mit Normausstattung und Lamellenverschlüsssen am Aufbau zur Auslieferung. Beide Metz-Fahrzeuge verfügen über eine serienmäßige Truppkabine.

Demgegenüber besitzt der RW 3 aus Salzgitter als einziger eine Staffelkabine. Bachert baut das imposante Stück auf einen MAN 16.256 HA. Eigentlich handelt es sich um ein Fahrgestell des Typs 16.240 HAK mit 5200 mm Radstand, dem auf Wunsch eine stärkere Maschine eingebaut wird, denn das Kipperfahrgestell 16.256 HAK gibt es nur mit maximal 4600 mm Radstand. Für ein Allradfahrzeug ist ein Radstand von mehr als fünf Metern schon recht ungewöhnlich.

Im Jahre 1973 hat MAN gleich zwei Motoren mit 256 PS im Angebot. Die alte Maschine D 2156 MTX ist ein Auslaufmodell, ein Sechszylinder-Reihenmotor mit 10,3 l Hubraum. Neu ist der V8-Motor des Typs D 2538 M mit 12,7 l Hubraum. Das Fahrzeug aus Salzgitter erhält noch, als eines der letzten, den alten Dieselmotor, außerdem besitzt der RW 3 die erste in ein Feuerwehrfahrzeug eingebaute hydraulische Seilwinde der Firma Rotzler, des heutigen Marktführers.

Wesentlich weiter verbreitet als die RW 3 sind die etwas kleineren RW 2. Sie haben eine nicht ganz so umfangreiche Ausrüstung geladen und haben laut Norm einen Generator von 15 bis 20 KVA, einen Flutlichtscheinwerfer mit 2000 Watt (oder zwei mit 1000 Watt) und eine Seilwinde mit 5 t Zugkraft. Für den RW 2 werden die gleichen 11-t-Fahrgestelle mit Allrad verwendet wie für TLF 16. Demzufolge sind alle RW 2 entweder auf MAN 11.168 HA-LF oder

11.192 HA-LF gebaut worden. Fahrzeuge dieser Art von den verschiedensten Herstellern gibt es in Nürnberg (1976), Flörsheim (1981), Wolfsburg (1982), Altötting (1980), Soltau (1983) und im Landkreis München (1978).

Gleichfalls auf Normfahrgestellen MAN 11.168 HA-LF aufgebaut, aber dennoch einmalig, sind zwei Fahrzeuge mit Kofferaufbauten der Berufsfeuerwehren Augsburg und Nürnberg. 1976 lassen sich die Augsburger bei einer lokalen Karosseriefirma (E. Meyer) einen MAN 11.168 HA-LF samt Aufbau zu einer mobilen Kommandozentrale herrichten. Das in Augsburg KELW (Katastropheneinsatzleitwagen) genannte Fahrzeug verfügt über zwei abgeteilte Räume, einen Funkraum und einen Besprechungsraum. An zwei Plätzen können alle nachrichtendienstlichen Aufgaben bei Großeinsätzen per Funk, Telefon, Telex usw. abgewickelt werden. Der Besprechungsraum hat einen großen Tisch und Sitzgelegenheit für acht bis zehn Personen, kann bei Bedarf aber auch vier Krankentragen aufnehmen. Am Heck des Fahrzeugs befindet sich ein Flutlichtscheinwerfer, am vorderen Ende des Aufbaus eine ausfahrbare Antenne.

Bereits 1974 baut Metz für die BF Nürnberg einen kombinierten Gerätewagen Atemschutz/Wasserrettung (GW-AW). Die Aufgabenbereiche, die üblicherweise von zwei Fahrzeugen bewältigt werden müssen, hat Metz in einem Fahrzeug sinnvoll vereint. Um die Löschmannschaften bei Bränden mit Atemschutzgeräten und Sauerstoff-Flaschen zu versorgen, verfügt der GW-AW über einen Vorrat an Ersatzflaschen. Außerdem ist eine Nachfüllstation installiert, so daß auch während eines Großeinsatzes an Ort und Stelle Flaschen nachgefüllt werden können. Die zweite Funktion des Fahrzeugs ist der Transport der Tauchergruppe mit ihrem Zubehör bei Wasserrettungseinsätzen. Im hinteren Teil des Aufbaus ist ein Umkleideraum für die Taucher, die das Fahrzeug über eine breite Treppe sicher nach hinten

verlassen können. Diverse Tauchanzüge und Sauerstoffgeräte für alle Arten von Taucheinsätzen sind auf dem Fahrzeug vorhanden. Bei Einsätzen wird zudem ein Anhänger mit einem Schlauchboot an das Allradfahrzeug angehängt.

Die Nürnberger sind auch die einzigen, die Wechselaufbaufahrzeuge (WAF/WLF) auf Hauben-MAN besitzen. Zwei Trägerfahrzeuge werden 1976 beschafft. Verwendet werden die MAN 16.200 HAK, versehen mit dem von vielen Feuerwehren genutzten Meiller-Abrollsystem des Typs 8005. An Abrollbehältern verfügt die BF Nürnberg unter anderem über AB-Schlauch, AB-Mulde, AB-Waldbrand und AB-Atemschutz.

Normgerechte Fahrgestelle des Typs MAN 11.168 H-LF, aber ungewöhnliche Aufbauten und Löschkapazitäten besitzen auch zwei bei Werkfeuerwehren eingesetzte Fahrzeuge. Die Feuerwehr des Reifenherstellers Continental erhält 1979 von Arve ein TroTLF 16. Das Fahrzeug hat eine Rosenbauer-Pumpe (1600 l/Min) und führt 2000 l Wasser und

Nachdem die Berliner Feuerwehr bis Mitte der 70er Jahre ihre Drehleiterfahrzeuge nur mit Staffelkabinen ausführen ließ, kommen danach nur noch Fahrzeuge mit Truppkabine zur Auslieferung, sowohl mit Leitern von Metz als auch von Magirus. Abgebildet ist ein MAN 13.192 H-DL mit Metz DLK 23/12 in der niedrigen Ausführung mit gekröpfter Vorderachse.

200 l Schaummittel. Zusätzlich ist eine Pulver-löschanlage von Minimax mit einem 750-kg-Pulverkessel installiert. Wegen einiger Zusatzausrüstungen bringt das Fahrzeug ein Gesamtgewicht von 12,9 t auf die Waage und mußte um rund 1,5 t aufgelastet werden. Die WF Continental besitzt noch ein zweites fast baugleiches Fahrzeug, allerdings nicht auf MAN, sondern auf Mercedes.

Die WF Bayer benutzt in einem ihrer Chemiewerke ein TLF 40 von Metz. Äußerlich gleicht das Fahrzeug einem TLF 16, doch hinter den Aufbauverschlüssen liegen zwei Tanks für nur 1400 l Wasser, aber immerhin 1000 l Schaum sowie eine Metz-Pumpe des Typs FP 40/8 (4000 l/Min) mit zwei Saugeingängen und vier Druckabhängen und eine Schaumzumischpumpe mit 400 l/Min Förderleistung.

Für den Einsatz auf einem Militärflughafen der kanadischen Streitkräfte baut Bachert ein sehr sonderbares Feuerwehrfahrzeug. Aufgesetzt auf einen MAN 15.200 H mit Truppfahrerhaus fertigt Bachert einen Aufbau, der mehr amerikanischem Baumuster entspricht als deutschem. Die Pumpe (3000 l/Min) liegt in der Fahrzeugmitte, gleich hinter dem Führerhaus, mit Abgängen zu beiden Seiten. Dahinter befinden sich die beiden Tanks für 3000 l Wasser und 100 l Schaummittel, und über den Tanks liegen, wie bei amerikanischen Fahrzeugen üblich, die Schläuche in langen Buchten nur von einer Plane bedeckt. Am Fahrzeugende ist eine Plattform, auf der zwei oder drei Feuerwehrmänner im Freien »mitreiten« (oder auch runterfallen) können, auch dies die noch heute übliche Bauart nordamerikanischer Feuerwehrfahrzeuge. Schiebleiter, Flutlicht und Monitor komplettieren die Ausrüstung dieses Kuriosums.

1972, zur Präsentation der neuen Motorenfamilie, bringt MAN auch eine neue Generation schwerer Baustellendreiachser mit 26 t, 30 t und 32 t Gesamtgewicht und Motorvarianten mit 240 PS, 256 PS und 320 PS heraus.

Für den normalen Feuerwehrdienst ungeeignet sind drei dieser kraftstrotzenden MAN 26.320 DHAK (6x6) bei der Feuerwehr des Flughafens Frankfurt eingesetzt. Ein viertes Fahrzeug dieses Typs gelangt nach Argentinien. Als Mitte der 70er Jahre keine Metz RKW 10 mehr gebaut werden, ordert Buenos Aires einen Kranwagen von Kirsten (10 t) auf dem MAN 26.256 DHAK (6x6).

Bei Flughafenlöschfahrzeugen kommt es bekanntlich auf Spurtstärke und Schnelligkeit an, deshalb haben die Verantwortlichen des Frankfurter Flughafens für ihre drei MAN-Fahrzeuge die stärkste Antriebsmaschine, den Dieselmotor D 2538 MT mit 320 PS, gewählt. Dieses mächtige Aggregat ist die um 25% Leistungssteigerung verbesserte Turboladerversion des 256 PS starken V8-Dieselmotors.

Einer der letzten Rüstwagen (RW 2) auf Hauben-MAN wurde 1982 von Ziegler an die BF Wolfsburg ausgeliefert.

Technische Daten MAN 26.320 DHAK

Motor

Typ	D 2538 MT
Zylinderzahl	8
Zylinderanordnung	V 90°
Bohrung/Hub	125/130 mm
Hubvolumen	12 763 cm^3
Verbrennungsverfahren	Direkteinspritzer M-Verfahren
Verdichtungsverhältnis	17:1
Mittlerer effekt. Druck	9,0 kg/cm^2
Leistung	320 PS/2500 U/Min
Maximales Drehmoment	103 mkp/1500 U/Min
Kolbengeschwindigkeit, mittlere	19,8 m/Sek
Leerlaufdrehzahl	500 U/Min
Zylinderlaufbüchsen	naß, auswechselbar
Ölwannenwerkstoff	Leichtmetall
Kolbenwerkstoff	Leichtmetall
Kolbenringe	2 + 1 Ölabstreifring
Zylinderköpfe	8
Kurbelwellenlager	5 Dreistoff
Pleuellager	Dreistoff
Nockenwellenlager	5 Zweistoff
Nockenwellenantrieb	Zahnräder
Zylinderblockwerkstoff	Grauguß
Zylinderkopfwerkstoff	Grauguß
Sxhwingungsdämpfer	Holset
Kolbenbolzensicherung	Drahtsprengringe
Ventilzahl	1 Einlaß- und Auslaßventil je Zylinder hängend
Ventilanordnung	
Ventilbetätigung	Stößel, Stoßstangen, Kipphebel
Ventilzeiten	
Einlaß öffnet	21° v.o.T.
Einlaß schließt	39° n.u.T.
Auslaß öffnet	60° v.u.T.

Auslaß schließt	30° n.o.T.
Schwungscheibendurchmesser	487 mm
Ventilspiel kalt	Einlaß: 0,25 mm
	Auslaß: 0,35 mm
Ventilsitzringe	für Ein- und Auslaß

Zündanlage

Einspritzpumpe, Typ	Bosch TE 8 A 95 D 320 LS2421
Drehzahlregelung	Verstellregler
Einspritzdüse, Typ	Lochdüse
Abspritzdruck	175 atü
Kraftstofförderung	Kolbenpumpe
Förderbeginn	24° v.o.T.
Glühkerzen, Typ, Zündfolge	1-5-7-2-6-3-4-8

Elektrische Anlage

Spannung	24 V
Lichtmaschine, Typ	28 V, 27 A
Anlasser, Typ	24 V, 6 PS
Batterie	2x12 V, 143 A

Kupplung

Bauart	Einscheiben, trocken F&S, G 420
Ausrücklager, Art	Drucklager
Kupplungsspiel	25 bis 30 mm am Pedal
Betätigung	hydraulisch

Getriebe

Typ und Bauart	ZF 5 K 110 GP
Art der Zahnradschaltung	Allklauen-Leichtschaltgetriebe, unsynchronisiert

Hinterachse

Bauart	Außenplanetenachse
Ausgleich	Kegelraddifferential
Untersetzung	1,5 (1,706)x(1,933) 3,48 i ges = 5,26

Zähnezahl	27:18	**Rahmen und Aufbau**	
Federung	Halbelliptik-Blattfedern	Bauart	vorn nach außen
Federblätter	11x20		gekröpfter Leiterrahmen
Federlänge	1600 mm		
Stoßdämpfer	keine	Spurweite	vorn: 2058 mm
Vorderachse			hinten: 1789 mm
Bauart	gekröpfte Faustachse	Radstand	3850+1350 mm
Federung	Halbelliptik-Blattfedern	Bodenfreiheit	472 mm
Federblätter	15 Blatt		hinten 352 mm
Federlänge	1600 mm	Überhanglänge	vorn: 1460 mm
Vorspur	0 bis 4 mm	Zul. Nutzlast	18120 kp
Radsturz	1° 30'	Zul. Achslast	vorn: 6500 kp
Nachlauf	2°		hinten: 12000 kp
Spreizung	6° 30'	Zul. Gesamtgewicht	30000 kp
Wendekreis	19,1 m	**Fahrgestellschmierung**	
Stoßdämpfer	Teleskopdämpfer	Bauart	Hochdruck
Lenkung		Anzahl der Schmierstellen	34
Bauart	ZF-Kugelmutter-Hydro-lenkung, Typ 8065	**Kraftstoffverbrauch**	
		Straßeneinsatz	etwa 50 l/100 km
Übersetzung	iges 25,33	Geländebetrieb	50 bis 70 l/100 km
Lenkhilfe	hydraulisch	**Bergsteigefähigkeit**	iHA = 5,92
Lenkradumdrehungen		Gesamtgewicht	38 t
von Anschlag zu Anschlag 5,7			
Bremsen		**Höchstgeschwindigkeit**	
Fußbremse	Zweikreis-Druckluft, VA hydr., druckluft-unterstützt	**gestoppt**	89 km/h
		Beschleunigung	
Handbremse	gestängelos, rein Federspeicher	Motorwagen, 22 t Gesamtgewicht Durchschalten	
Motorbremse	Abgasdrosselklappe, druckluftbetätigt	0-30 km/h	11,1 sek
		0-40 km/h	17,2 sek
Bremstrommel-Durchmesser	vorn: 410 mm	0-50 km/h	24,3 sek
	hinten: 410 mm	0-60 km/h	30,5 sek
Bremsfläche		0-70 km/h	44,4 sek
je Bremstrommel	vorn: 1121 cm^2	Elastizitätsverhalten	
	hinten: 1121 cm^2	(8. Gang, 950 U/Min)	
Bremsfläche insgesamt	6627 cm^2	30-40 km/h	12,5 sek
Bremsbelagbreite	vorn: 160 mm	30-50 km/h	20,2 sek
	hinten: 160 mm	30-60 km/h	29,2 sek
		30-70 km/h	38,4 sek
		30-80 km/h	49,0 sek

Ziegler baut 1974 und 1978 je ein GTLF 6000 und 1980 ein TroTLF 24/40/4 auf MAN 26.320 DHAK (6x6). Während das TroTLF eine Ziegler-Pumpe des Typs FP 24/8 (2400 l/Min) hat und über einen Löschmittelvorrat von 4000 l Wasser, 400 l Schaummittel und 2000 kg Pulver verfügt, befördern die beiden GTLF 6000 l Wasser und 600 l Schaummittel. Sie haben ebenfalls eine Ziegler-Pumpe FP 24/8 sowie je zwei Schnellangriffshaspeln (2x30m) und ein Dachwenderohr für 2000 l/Min Ausstoß. Die drei Fahrzeuge haben ein Einsatzgewicht von 22t. Das TroTLF hat ein Serienfahrerhaus und große Geräteräume im Aufbau, die GTLF hingegen besitzen eine große Staffelkabine, dafür aber kürzere Aufbauten. Alle drei Fahrzeuge sind 1993 bereits ausgemustert.

Anfang der 80er Jahre geht die Ära der MAN-Hauber langsam zu Ende, zumindest im Feuerwehrbereich. Die mit den schwächeren 168-PS-Motoren ausgestatteten Typen MAN 11.168 H(HA) und 13.168 H(HA) werden so gut wie gar nicht mehr bestellt. Die letzten Exemplare bauen Ziegler (RW 2 für Wolfsburg) und Metz (TLF für WF Bayer und DLK 30 für Mendoza). 1981 wird die Produktion dieser Feuerwehrfahrgestelle eingestellt. Lediglich die Fahrzeuge mit dem 192-PS-Motor sind noch eine Weile lieferbar.

Bei Metz und Bachert werden die MAN-Hauber noch in den Katalogen von 1983/84 als Feuerwehrfahrzeuge angeboten, zu einer Zeit, als MAN die Elftonner und Dreizehntonner in Feuerwehrausführung schon gar nicht mehr baut. Anfang 1984 werden die letzten Fahrgestelle im Münchner Werk ausgeliefert. Die letzten Standarddrehleitern auf MAN 13.192 H-DL werden 1983 für Berlin gebaut, und der letzte Rüstwagen entsteht 1983 bei Ziegler für die FF Soltau. Die »MAN-Stadt« Salzgitter besitzt einige LF 16 von Metz und Bachert, die in der Fachpresse als letzte MAN-Hauber von 1986 dargestellt werden. Das stimmt allerdings nur zum Teil,

denn das Jahr der Zulassung ist eben nicht immer auch das Baujahr. Die beiden Fahrgestelle der Metz LF 16 werden bereits im Herbst 1984 günstig von der Feuerwehr Salzgitter erworben, wahrscheinlich handelt es sich um »Restbestände« der letzten Bauserie. Nachdem die beiden Chassis einige Monate herumstehen, kommen sie erst Ende 1985 zu Metz nach Karlsruhe, wo die Aufbauten hergestellt werden. Im Sommer 1986 erfolgt die Zulassung bei der FF Salzgitter. Noch anders verhält es sich bei dem Bachert LF 16. Dies Fahrzeug wird komplett 1983 gebaut, dient aber zunächst als Vorführwagen, bevor er 1985 von Salzgitter gekauft und zugelassen wird.

Tatsächlich gibt es aber einen Hauben-MAN, der noch 1985 gebaut wird und als Feuerwehrfahrzeug Verwendung findet. Doch handelt es sich nicht um ein Normfahrgestell, und der Empfänger ist auch keine deutsche Feuerwehr. Der letzte Hauben-MAN im Feuerwehrdienst ist zugleich das letzte

Nürnbergs »Hauslieferant« Metz wird 1974 beauftragt, ein seltenes Sonderfahrzeug zu bauen: einen Gerätewagen Atemschutz/Wasserrettung. Auf dem MAN 11.168 HA-LF ist ein Kofferaufbau montiert, der sowohl der Tauchergruppe für ihre Ausrüstung dient als auch Nachschub an Atemschutzgeräten und eine Füllanlage enthält.

Drehleiterfahrzeug und die höchste Drehleiter, die jemals auf einen MAN gebaut wird. Das Fahrzeug geht Ende 1985 auf die weite Reise nach China. Metz baut die schwere, sechsteilige DLK 53 auf ein Spezialchassis, einen MAN 22.240 H. Auf Grund der Bezeichnung müßte es sich hierbei um ein 22-t-Fahrgestell handeln. Doch dies ist im Programm der Haubenfahrzeuge gar nicht vorhanden, nur ein 19-t-Zweiachser und ein 26-t-Dreiachser. So hat man offenbar den Rahmen eines 19.240 H verstärkt, um das Einsatzgewicht von rund 20 t zu ermöglichen. Als Antrieb dient der bewährte Dieselmotor des Typs D 2566 M, der 240 PS bei 2200 U/Min leistet.

Metz hat 1979 erstmals eine 53-m-Leiter konstruiert, als Nachfolgemodell der alten DL 52. Die DLK 53 ist noch immer die höchste vollhydraulische Drehleiter der Welt. Sie ist sowohl mit Korb als auch mit Fahrstuhl ausgerüstet. Zur Sicherung des schweren Fahrzeugs dient die Waagerecht-Senkrecht-Abstützung, die bis 4,5 m zur Seite ausgefahren werden kann. Ein Kontrollsystem mittels Bodendrucküberwachung ermöglicht erst dann Bewegungen mit der Leiter, wenn alle vier Abstützstempel Bodenkontakt haben. Alle Leiterbewegungen arbeiten stufenlos mit Ölhydraulik. Zwei hydraulische Aufrichtezylinder bewegen die Leiter in einem Anstellbereich von -8° bis 75°. Der sechsteilige Leitersatz besteht aus verwindungsstabilen Profilrohren, die einzelnen Leiterelemente laufen rollengelagert. Der Fahrstuhl für zwei Personen fährt auf den oberen Holmen der Leiter mit einer Geschwindigkeit von 1m/Sek auf und ab. Die zusammengeschobene Leiter hat eine Länge von 11,4 m (= Gesamtlänge des Fahrzeugs).

Das gewaltige Fahrzeug, angeblich für die Feuerwehr der Hafenstadt Shanghai bestimmt, hat als Zusatzausrüstung noch eine Pumpe mit 2000 l/Min Förderleistung. Es ist immer wieder verblüffend, was für einzigartige Drehleiterfahrzeuge die Chinesen in Deutschland kaufen. Nach den Fahrzeugen der 50er Jahre, den Metz DL 52 auf Mercedes, Krupp und MAN und der riesigen DL 60 auf Kaelble, bestellen sie in den 80er Jahren erneut große Magirus DL 50 auf Iveco und Metz DLK 53 auf MAN, Mercedes, Volvo und Steyr! Kein anderes Land der Erde hat so viele, so große und so ungewöhnliche Leiterfahrzeuge.

Mit der Vorstellung der neuen mittelschweren Frontlenkergeneration von MAN im Jahre 1984 sind die Haubenfahrzeuge endgültig aus dem Rennen. Nur noch als schwerer Baustellenkipper wird der imposante Haubenwagen bei MAN weiter gebaut.

Im Feuerwehrbereich hat es zwischen 1957 und 1985 schätzungsweise 600 Haubenfahrzeuge der verschiedensten Typen gegeben. Allein die Berliner Feuerwehr beschafft zwischen 1958 und 1983 zirka 160 MAN-Hauber, fast durchweg genormte Fahrzeuge (LF 16, TLF 16 und DL(K) 30) von den Firmen Glasenapp, Bachert, Metz und Magirus.

Nicht genau feststellen läßt sich die Zahl der exportierten Fahrzeuge. Es dürften etwa 80 bis 100 Fahrzeuge sein, vorrangig für Argentinien und Dänemark.

Die schweren und mittelschweren MAN-Frontlenker

Die Ära der Frontlenkerlastwagen beginnt bei MAN 1957. Passend zu den neuen Haubenmodellen wird eine stilistisch adäquate Frontlenkerkabine hergestellt. Drei Typen mit drei Motorvarianten werden angeboten: MAN 415 L1F, MAN 520 L1F und MAN 620 L1F. Dabei werden die gleichen Dieselmotoren verwendet wie in den bereits gebauten Haubenfahrzeugen. Nur der 120-PS-Motor MAN D 1246 M4 des Zwölftonners MAN 620 L1F ist eine Neuentwicklung.

Keines dieser Chassis wird jemals für Feuerwehraufgaben verwendet, und sie werden nur erwähnt, um den Beginn des Frontlenkerbaus bei MAN aufzuzeigen. Allerdings entwirft Bachert 1959 ein LF 16 auf einem MAN 415 L1F. Leider wird die interessante Fahrzeugstudie nie realisiert, es gibt nur eine Zeichnung dieses Fahrzeugs in einem Bachert-Prospekt.

Auch während der 60er Jahre, als von Mercedes schon einige Frontlenker der sogenannten »Pullmann-Baureihe« bei Feuerwehren im In- und Ausland eingesetzt werden, gibt es keine Feuerwehrfahrzeuge auf den Frontlenkermodellen von MAN. Alle Beschaffungsmaßnahmen der Feuerwehren von MAN-Fahrgestellen berücksichtigen ausschließlich die beliebten Haubenfahrzeuge.

Doch keine Regel ohne Ausnahme, und so gibt es tatsächlich MAN-Frontlenker, nicht bei einer deutschen Feuerwehr, sondern bei einer belgischen!

Es ist das kleine Städtchen Wavre, südlich von Brüssel, das sich gleich zwei Frontlenker für seine Feuerwehr beschafft. Als Chassis finden MAN 650 F mit langem Radstand für 12 t Gesamtgewicht Verwendung. Bestückt sind die Fahrzeuge mit Dieselmotoren des Typs D 0836 HM4, die 150 PS bei 2500 U/Min leisten. Ein Frontlenker dient als Basis für eine 18-m-Gelenkbühne von Comet (eine der ersten Gelenkbühnen in Belgien), der andere MAN wird als Löschfahrzeug verwendet. Der Karosseriehersteller Landuyt baut eine Pumpe (2000 l/Min) und einen 2000 l fassenden Wassertank auf das Chassis und kleidet das Fahrzeug in einen recht kantigen Aufbau, der die eleganten runden Formen des Führerhauses verunstaltet. Gebaut werden die beiden belgischen Raritäten um 1966. Bereits 1969 stellt MAN die Produktion seiner ersten Frontlenkergeneration ein.

Die späten 60er und frühen 70er Jahre sind für den Nutzfahrzeugbereich der MAN von großer Bedeutung mit grundlegenden Auswirkungen für die Zukunft des Unternehmens. Wichtige Weichenstellungen und Initiativen, Neugliederung des Konzerns, Kooperationen und Expansion ins Ausland verändern das Gesicht der Firma und machen MAN zu einem der führenden Lastwagenhersteller Europas.

Es beginnt 1967 auf der Frankfurter Automobilausstellung, als MAN seine neueste Fahrzeuggenera-

Eines von nur zwei existierenden Feuerwehrfahrzeugen auf dem MAN 650 F: Als eine der ersten belgischen Feuerwehren besaß die Brandweer Wavre eine 18-m-Gelenkbühne von Comet.

tion vorstellt. Basierend auf einem Kooperationsvertrag aus dem Jahre 1963, in dem MAN und SA-
VIEM den gegenseitigen Austausch von Fahrzeug-
teilen und Motoren vereinbaren, bringt MAN seine
ersten Frontlenker mit der SAVIEM-Kabine heraus,
jener Kastenform, die bei schweren MAN-Lastwagen in Grundzügen noch heute verwendet wird.
Umgekehrt liefert MAN an SAVIEM Motoren und
Vorderachsen. Jahrelang sehen die großen SA-
VIEM und MAN gleich aus und fahren mit den
gleichen Motoren über Frankreichs und Deutschlands Straßen. Mit der Einführung der »Kasten-
LKW« vollzieht sich bei MAN, über mehrere Jahre
hin, langsam der Wechsel von den Haubenfahrzeugen zu den Frontlenkern, so daß es zu Beginn
der 80er Jahre praktisch nur noch Frontlenker
gibt, von einigen speziellen Baustellenfahrzeugen
abgesehen. 1977 ist die Kooperation mit SAVIEM
zwar beendet, doch baut MAN die französischen
Fahrerhäuser weiter, während SAVIEM die Produktion einstellt. Aus SAVIEM und Berliet entsteht die
LKW-Abteilung von Renault (RVI).
Ein weiterer Meilenstein in der MAN-Chronik ist
die im Januar 1969 vollzogene 10 %-Beteiligung
der MAN an der Büssing AG. Das legendäre
Braunschweiger Unternehmen, das seit 1903 LKW
und Busse baut, gerät in den 60er Jahren in fi-
nanzielle Schwierigkeiten und kann sich nur müh-
sam am Markt behaupten. Die Geschäftsleitung
der MAN wittert die Chance, einen Konkurrenten
zu übernehmen und gleichzeitig eine Technologie
weiterzuführen, für die der Name Büssing Syno-
nym ist: den Unterflurmotor. Ziemlich bald vergrößert MAN seinen Anteil auf 50%, und Ende 1971
kauft die MAN-Muttergesellschaft die restlichen
Anteile, so daß die selbstständige Firma Büssing
damit endgültig erlischt. Der Name wird von MAN
noch einige Jahre für die im Büssingwerk Salzgitter produzierten Busse und Unterflurfernlaster wei-
terverwendet. Doch schließlich bleibt nur das Küh-

69

lersymbol, der Braunschweiger Burglöwe, der noch heute alle MAN schmückt.

Das zweite bedeutende Ereignis des Jahres 1969 spielt sich im Ausland ab und verdeutlicht erneut den Anspruch von MAN, auch international zu expandieren. Die österreichische MAN-Vertretung, Austro-MAN, einigt sich nach monatelangen Verhandlungen mit der ÖAF auf ein Übernahmeabkommen, daß 1970 vollzogen wird. Somit erhält die MAN wieder die Führung bei ÖAF, die nach den Kriegswirren verloren gegangen war.

Nur wenig später ereilt ein anderes österreichisches Traditionsunternehmen das Ende: Gräf & Stift. Nach dem Scheitern der Übernahmeverhandlungen mit Steyr-Puch nimmt MAN/ÖAF Verbindung auf. Es wird rasch Einigung über die Bedingungen der Übernahme erzielt, und am 23. Juni 1971 kann der Vertrag unterzeichnet werden. Die neue Firma wird unter der Bezeichnung »Österreichische Automobilfabrik ÖAF-Gräf & Stift AG« ins Wiener Handelsregister eingetragen.

1977 wird die Produktion der alten Lastwagen von ÖAF und Gräf & Stift eingestellt. Bereits zuvor beginnt man in Wien damit, aus MAN-Komponenten Spezialfahrzeuge herzustellen, z.B. Geländefahrzeuge, Schwerlastzugmaschinen und Militärfahrzeuge. Dieser spezielle Produktionszweig im MAN-Nutzfahrzeugangebot wird auch heute noch vornehmlich von der ÖAF wahrgenommen. Es handelt sich bei den im neuen Werk Wien-Liesing gebauten ÖAF um reinrassige MAN, denn sie sind aus MAN-Teilen zusammengesetzt. Auch deshalb sind die dort entstehenden ÖAF-Feuerwehrfahrzeuge – und die sind mittlerweile recht zahlreich – Bestandteil dieses Buches.

Doch nicht nur in Österreich betätigt sich MAN im Bau von Lastwagen und Bussen. In Südafrika gibt es schon seit 1962 ein Montagewerk. In der Türkei und in Australien werden MAN-Fahrzeuge teilweise mit inländischem Fertigungsanteil montiert, und

in Rumänien und Ungarn baut man schwere MAN in Lizenz nach. Sowohl die Rumänen, bei denen die MAN-Lastwagen »Roman« heißen, als auch die Ungarn, die unter der Marke »RABA« produzieren, setzen Hunderte dieser Lizenz-MAN als Feuerwehrfahrzeuge ein.

In Rumänien sind neben vielen Löschfahrzeugen auch rund 130 Roman/MAN mit 30-m-Drehleitern der ehemaligen DDR-Firma VEB Feuerlöschgerätewerk Luckenwald (heute FGL) im Einsatz.

RABA bietet seit 1968 zunächst drei Lizenz-MAN an, den 19tonner des Typs 831, den 13,5tonner des Typs 833 als Sattelzugmaschine und den dreiachsigen 26tonner Typ 836 als Baustellenkipper. Die Fahrerhäuser und die Motoren stammen von MAN aus Deutschland, ebenso wie die ZF-Getriebe, der Rest wird in Györ hergestellt und montiert. Für den Feuerwehreinsatz werden ab 1973 die Typen 831 und 836 als schwere Tanklöschfahrzeuge gebaut, später werden auch verlängerte Chassis für

MAN/RABA Typ 836 (6x4) mit einem 230 PS starken MAN-Motor. Die beiden Fahrzeuge sind bei der BF Budapest als genormte TLF des Typs Tü-4 (10.000 l Wasser) eingesetzt.

Gelenkbühnen verwendet, z.B. Simon SS 300 und SS 400 für die BF Budapest.

Doch zurück zu deutschen Feuerwehren und die 1967 vorgestellten modernen Frontlenker von MAN. Fünf Zweiachsfahrgestelle für Gesamtgewichte von 13 t bis 19 t und Motorleistungen von 156 PS bis 275 PS bringt MAN mit der neuen SAVIEM-Kabine heraus. Diese Fahrzeuge sind allerdings für die Bedürfnisse der Feuerwehren kaum geeignet, und schließlich werden hierfür ja besondere Haubenmodelle angeboten.

Es ist eine ganz spezielle Technik, die am Anfang der 70er Jahre bei deutschen Feuerwehren eingeführt wird und die für MAN-Frontlenker den Einstieg in den Feuerwehrbereich markiert: das Wechselaufbausystem! Im gewerblichen Güterverkehr längst angewendet und bewährt, betritt man bei den Feuerwehren damit Neuland. Um die Kosten der Anschaffung und des Unterhalts von selten genutzten Sonderfahrzeugen zu senken, bietet ein System, mit dem verschiedene Aufbauten auf das gleiche Trägerfahrzeug gesetzt werden können, eine sinnvolle Alternative.

Vor allem die Berufsfeuerwehren in Dortmund, Mannheim, Berlin und Hannover leisten mit dieser heutzutage weitverbreiteten Technologie Pionierarbeit. Und die BF Berlin ist es auch, die sich bei den Trägerfahrzeugen als erste für MAN entscheidet. 1969 erscheint bei MAN ein Spezialfahrgestell für Wechselaufbauten, ein 15tonner des Typs 9.156 FL beziehungsweise 9.186 FL, wahlweise mit einer 156-PS-Maschine oder einer 186-PS-Maschine. Das Besondere dieses Chassis ist die Luftfederung, kenntlich gemacht durch das »L« in der Typenbezeichnung. Es handelt sich bei den Wechselaufbauten nicht um Absetz- oder Abrollbehälter, sondern gewissermaßen um »Unterfahrbehälter«. Die Luftfederung ermöglicht, das Fahrzeug ohne zusätzliche hydraulische Aggregate zu heben und zu senken. So kann das abgesenkte Fahrzeug

rückwärts unter die auf Stelzen stehenden Container fahren und sich selbst samt Aufbau mittels Luftfederung anheben. Die Höhendifferenz beträgt bis zu 200mm. Der Vorteil dieses Systems liegt nicht nur in den geringeren Kosten gegenüber anderen Systemen, sondern auch in der gewichtsparenden Konstruktion, da keine zusätzlichen Befestigungs- und Bewegungsvorrichtungen auf das Chassis gebaut werden müssen. Der Nachteil besteht darin, daß die Aufbauten aufgebockt und damit vom Boden aus schwer zugänglich sind. Und dies dürfte wohl auch der Grund sein, warum diese Technik sich bei Feuerwehren nicht durchsetzt. Die Berliner bestellen jedenfalls 1971 zwei MAN 9.186 FL für das Multiliftsystem und dazu einige Aufbauten wie beispielsweise einen Werkstattcontainer, eine Mulde und einen WA-Schaum mit sechs Schaummittelbehältern. Kurz nach diesen beiden ersten MAN-Frontlenkern in Feuerwehrdiensten kauft auch die BF Frankfurt einen MAN. Es ist der in Fachkreisen hinlänglich bekannte und oft beschriebene Sattelschlepperzug von Ziegler, in Frankfurt als GTLF 24 bezeichnet. Der 24.000 l fassende Tankauflieger wird von einer dreiachsigen Fernverkehrszugmaschine des Typs MAN 19.304 DFS (6x4) gezogen. Das mächtige Gespann treibt der V8-Dieselmotor D 2858 M1 (304 PS bei 2200 U/Min) an, dem damals stärksten Aggregat von MAN.

Auch die Frankfurter führen das Wechselaufbausystem ein, jedoch entscheiden sie sich für das Abrollsystem von Meiller. Als Trägerfahrzeug kommt ein MAN 16.256 F mit Fernfahrerkabine und Schiebetüren zum Einsatz. Einige andere Berufsfeuerwehren beschaffen ebenfalls während der 70er Jahre Wechselladerfahrzeuge von MAN, z.B. Köln, Braunschweig, Leverkusen und Dortmund, wo die ersten Mercedes-LKW durch MAN abgelöst werden. Es handelt sich ausschließlich um Lastwagen der 15- und 16-Tonnenklasse. Verwendung finden Fahrgestelle der Typen 15.192 F, 16.192 F, 15.200 F und 16.240 F. Eine Normung dieser Fahrzeuge und damit eine Festlegung auf 16 t Gesamtgewicht findet erst 1980 statt. Doch kaum eine Berufsfeuerwehr orientiert sich daran, deshalb werden in den 80er Jahren zahlreiche schwere und übergroße WAF/WLF auf dreiachsigen 22tonnern oder sogar vierachsigen 28tonnern in Dienst gestellt.

Der Feuerwehreinsatz von MAN-Frontlenkern beschränkt sich in den ersten Jahren ausschließlich auf Wechselaufbaufahrzeuge und damit nicht gerade auf typische Feuerwehrfahrzeuge. Das erste »echte« Löschfahrzeug auf MAN ist allerdings auch ein zumindest in Deutschland recht untypisches, wenngleich sehr interessantes Feuerwehrfahrzeug, ein Löscharm.

Eigentlich sind diese hochspezialisierten Geräte, die Löschwasser zielgenau in große Höhen fördern und aus der Distanz bedient werden können, fast so alt wie Drehleitern. Bereits zu Beginn des Jahrhunderts gibt es die ersten Löscharme bei US-amerikanischen Feuerwehren. Anfangs wurden die zwischen 10 m und 15 m hohen »water tower« genannten Wasserwerfer noch von Pferden gezogen, ab 1910 baut man sie auf Automobilchassis. In Deutschland tauchen die Löscharme, die eine als Wasserturm eingesetzte Drehleiter entbehrlich machen, erstmals in den 20er Jahren vereinzelt auf, können sich aber schon damals nicht durchsetzen.

1930 baut Metz sogar einen teleskopierbaren Wasserturm von etwa 25 m Höhe, der gleichzeitig als Kran verwendet werden kann. Vermutlich bleibt es bei nur einem Vorführmodell, weder große Berufsfeuerwehren noch Werkfeuerwehren können sich für diese Technik begeistern.

Eine lange Zeit vergeht, bis Bachert 1972 diese Technologie wieder aufgreift und einen 20 m hohen Löscharm entwickelt, zwar nicht teleskopierbar,

aber knickbar und mit einem beweglichen Wasserwerfer an der Spitze. Auch dieses auf einen Mercedes montierte Gerät (LA 200) bleibt ein Einzelstück. Doch Bachert verfolgt die Idee weiter, die zweifellos richtig ist, und baut 1976, im Auftrage einer großen Werkfeuerwehr, einen 30-m-Löscharm (Bachert nennt die Geräte sowohl GLA 30 als auch LA 300!). Ausgehend von einer Meiller-Betonpumpe konstruieren die Ingenieure von Bachert einen dreiteiligen, hydraulisch gesteuerten, volldrehbaren Gelenkarm, an dessen Spitze ein Alco-Wasserwerfer des Typs 372 WS-100 für eine Auswurfkapazität von 5000 l/Min montiert ist. Die Wurfweite beträgt ca. 120 m bei Wasser und ca. 80 m bei Schaumgemisch. Die maximale Höhe des Armes ist 30 m, die maximale Ausladung von der Fahrzeugmitte beträgt 26,5 m. Bedient wird der Löscharm von nur einem Mann mittels Fernbedienung, so daß das Gerät sehr dicht an das Brandobjekt herangefahren werden kann. Der Besteller des Löscharms, die WF

WLF der BF Braunschweig auf MAN 16.192 F mit FEKA-Abrollsystem. Aufgesetzt ist der sogenannte AB-Sonderlöschmittel mit Schaummitteltank (1600 l), Halonlöscher, Pulverlöschanlage (500 kg) von Minimax (aus einem ehemaligen TroLF von 1967 ausgebaut!).

Erstmals baut Bachert 1976 einen 30-m-Löscharm für die WF Bayer. Als Basisfahrzeug kommt der MAN 26.240 DF (6x4) zum Einsatz.

Bayer in Dormagen, hat auf den Einbau einer Pumpe verzichtet, deshalb kann der Löscharm nur in Verbindung mit Tanklöschfahrzeugen eingesetzt werden. Über vier B-Eingänge werden die erforderlichen 5000 l Wasser eingespeist, zumeist von zwei TLF mit jeweils 2500 l/Min. Um die Standfestigkeit zu garantieren, verfügt das Fahrzeug über eine hydraulische waagerecht-senkrecht Abstützung vorn und breite Auslegerstützen (6,5 m) hinten. Da sich das Fahrzeug im Einsatz als zu leicht erweist, baut die Feuerwehr nachträglich eine Ballaststahlplatte auf das Podium. Aufgesetzt ist der Löscharm auf einen dreiachsigen MAN 26.240 DF (6x4) mit einem Gesamtgewicht von rund 22 t. Angetrieben wird das von den Männern in Dormagen »Wendelin« genannte Fahrzeug von einem MAN-Sechszylinderdiesel mit 240 PS.

Vier Jahre später liefert Bachert ein zweites Löscharmfahrzeug an eine deutsche Werkfeuerwehr. Der Unterschied dieses Fahrzeuges, das die WF Union Kraftstoff erhält, gegenüber dem Vorgänger ist, daß es über eine eigene Pumpe verfügt, eine Bachert FP 60/10 (6000 l/Min) mit zwei A- und vier B-Saugeingängen und einem Tank für 3000 l Schaummittel. Bis 1985 verkauft Bachert weitere Löscharme dieses Typs, z.B. nach Ägypten, Kuwait und Libyen sowie an eine deutsche Werkfeuerwehr in Worms, zumeist auf dreiachsige Mercedes-Chassis montiert.

Das vermutlich letzte Fahrzeug geht Anfang 1985 wieder an die WF Bayer, diesmal für das Werk Brunsbüttel. Löscharm und Aufbau entsprechen in etwa den Vorgängermodellen, lediglich das Fahrgestell ist, für zusätzliche Gewichtsreserven, eine Nummer größer dimensioniert. Verwendet wird ein vierachsiger MAN 30.365 VF (8x4) für 30 t Gesamtgewicht. Als Antrieb dient der V10-Dieselmotor des Typs D 2840 mit einer Leistung von 365 PS.

Im Jahre 1978 überschreitet die LKW-Produktion bei MAN die »20.000-Marke«, und Fachjournalisten aus neun Ländern wählen erstmals einen MAN zum »LKW des Jahres«, es ist der Fernlaster 19.280 F. In diesem Jahr beginnt auch die eigentliche Karriere des MAN-Frontlenkers als Feuerwehrfahrzeug. Bisher wurden ja nur Wechsellader verkauft, sieht man mal von dem Löscharm der WF Bayer ab.

Den Anfang 1978 machen zwei Exportfahrzeuge, die Metz im Frühjahr ausliefert. Der alte Stammkunde Argentinien braucht ein neues Löschfahrzeug für den Flughafen von Buenos Aires. Anders als sonst bestellen die Argentinier kein Haubenfahrgestell, sondern erstmals einen Frontlenker des Typs 19.320 FAK. Metz rüstet das sogenannte FLF 7000 mit einer zweistufigen Pumpe FP 32/8 (3200 l/Min) aus, einem Wassertank (6000 l), einem Schaummitteltank (1000 l) und einem Dachmonitor. Als Basis dient ein schweres allradgetriebenes Kipperfahrgestell für den Baustelleneinsatz. Wenige Wochen später schickt Metz ein noch größeres Löschfahrzeug auf die Reise. Das SLF 11000 ist für eine algerische Raffinerie bestimmt. Das Fahrzeug führt drei Löschmittel: 9000 l Wasser, 1000 l Schaum und 1000 kg Pulver. Eine Metz FP 60/10 (6000 l/Min) und zwei Dachmonitore gehören zur löschtechnischen Ausrüstung. Das Chassis ist ein MAN 26.240 DF (6x4) mit einem Gesamtgewicht von 25,5 t.

Als zweite Firma macht sich Ziegler an den Bau von schweren Löschfahrzeugen auf MAN. Wiederum für Werkfeuerwehren entstehen 1978 und 1979 zwei Universallöschfahrzeuge auf MAN 26.320 DF (6x4) bzw. DFA (6x6). Das erste Fahrzeug erhält die WF GASAG in Berlin, ein TroTLF 2000. Das mit einer Ziegler-Pumpe FP 24/8 (2400 l/Min) ausgestattete Fahrzeug hat 2000 l Wasser, 2000 l Schaummittel und eine Total-Pulverlöschanlage mit 2000 kg Pulver. Während das Berliner Fahrzeug eine serienmäßige MAN-Kabine hat, erhält das zweite, für die WF Höchst gebaute Fahrzeug als erster MAN-Frontlenker eine große Mannschaftskabine. Die Bezeichnung dieses Löschfahrzeugs ist TroTLF 48/45-15, demzufolge werden mitgeführt: 4500 l Wasser, 1500 l Schaummittel, 1500 kg Pulver, in einer ebenfalls von Total hergestellten Pulverlöschanlage. Zusätzlich hält das Fahrzeug 4x30 kg CO_2 vor. Als Pumpe ist eine Ziegler FP 48/8 (5000 l/Min) eingebaut.

Eine Reihe weiterer einmaliger Löschfahrzeuge für Werkfeuerwehren und Flughafenfeuerwehren werden in den Jahren 1980 bis 1982 gebaut, darunter auch einige im MAN-Zweigwerk in Wien unter dem Namen ÖAF, wie beispielsweise die Rosenbauer-FLF der Modellreihe »Buffalo«.

Zunächst konzipiert für die großen Volvo-Dreiachser, werden später auch einige »Buffalo« auf den Geländefahrgestellen MAN/ÖAF 26.440 DFAE (6x6) gebaut, unter anderem für die österreichischen Flughäfen Graz und Klagenfurt und später für Zagreb und Istanbul. Der 440 PS starke V10-Dieselmotor des Typs D 2540 MTF ist das stärkste Pferd im MAN-Stall jener Jahre, und gewöhnlich wird er nur für Schwerlastzugmaschinen verwendet.

Im April 1978 liefert Metz das große SLF 11000 nach Algerien. Fahrgestell ist ein MAN 26.240 (6x4). Pulverlöschanlage (1000 kg) von Total.

Eine Variante des »Buffalo« baut Rosenbauer für Indien. Zwar ist es das gleiche geländegängige Chassis, doch wird nur ein 320-PS-Dieselmotor eingebaut. Allerdings führen die auf den Flughäfen Bombay und Delhi stationierten Fahrzeuge auch nur 7000 l Wasser und 1000 l Schaummittel, im Gegensatz zu den 8000 l Wasser und 1000 l Schaum des »Buffalo«.

Rosenbauer, mittlerweile in Deutschland weit verbreitet, baut bereits zu Beginn der 80er Jahre die ersten Löschfahrzeuge für deutsche Feuerwehren auf MAN. Einen MAN 14.192 F erhält die WF Volkswagen für die Produktionsstätten in Hannover. Offiziell ist es ein TLF 32, tatsächlich jedoch ein TLF 40/30-10 mit zweistufiger Rosenbauer-Pumpe HN 40 für einen Ausstoß von 4000 l/Min bei 8 bar und 300 l/Min bei 40 bar. Der Löschwassertank faßt 3000 l, der Schaummitteltank 1000 l. Das 14,5 t schwere Fahrzeug verfügt über einen Dachmonitor, einen 60-m-Schnellangriffsschlauch und eine Rotzler-Winde für 5 t Zugkraft.

Auf einen allradgetriebenen MAN 26.320 DFA baut Ziegler 1978 ein TroTLF 2000 mit einer Pulverlöschanlage von Total für die WF GASAG in Berlin.

Die WF Herberts kauft bei Rosenbauer 1982 ein ULF 7000/750 auf MAN 26.320 DF (6x4). Das Universallöschfahrzeug transportiert 3500 l Wasser, 3500 l Schaum und 750 kg Pulver. Die Rosenbauer-Pumpe R 600 leistet 6000 l/Min.

In Österreich erhalten u.a. die BF Innsbruck und die FF Villach zu jener Zeit Rosenbauer-Tanklöschfahrzeuge auf MAN/ÖAF-Fahrgestellen.

Bachert liefert 1981 der Werkfeuerwehr der Flugzeugfabrik Dornier zwei FLF 10000 auf MAN 26.320 DFA (6x6). An Löschmitteln verfügen die Fahrzeuge über 10.000 l Wasser und 1000 l Schaummittel. Die zweistufige Bachert-Pumpe FP 44/8 leistet 4000 l/Min bei 8 bar, die Alco-Wasserwerfer 3000 l/Min. Bemerkenswert an den Fahrzeugen ist die Tatsache, daß große Fernfahrerkabinen Verwendung finden, um vier bis fünf Feuerwehrmänner aufnehmen zu können.

Metz baut zur gleichen Zeit neben Löschfahrzeugen auch zwei schwere Rüstwagen auf MAN. Ein recht ungewöhnliches Fahrzeug erhält die WF Bayer im Werk Dormagen, einen großen RW-Öl auf einem MAN 26.320 DF (6x4). Das Fahrzeug verfügt über eine umfangreiche Ausrüstung für alle Arten von Öl- und Chemieunfällen, wie beispielsweise Schutzkleidung, Auffangbehälter, Bindemittel und einen 50-KVA-Generator. Eine besondere Funktion des Fahrzeugs ist, daß es im Rahmen des TUIS (Transportunfall und Informationssystem der chemischen Industrie) als Zugmaschine für einen riesigen Anhänger eingesetzt wird und zu Einsätzen im gesamten Bundesgebiet, ja sogar ins benachbarte Ausland, geschickt wird.

Der vierachsige Anhänger trägt einen Tank mit 21m³ Fassungsvermögen (entsprechend einem Eisenbahn-Kesselwagen) und ist aufgrund der speziellen Metallegierung »Hastelloy« zur Aufnahme von sämtlichen chemischen Stoffen geeignet. Mittels einer Pumpenanlage können ausgelaufene Flüssigkeiten abgesaugt und, je nach Substanz, erwärmt oder gekühlt werden. Es würde an dieser Stelle etwas zu weit führen, auf dieses hochspezialisierte und hochkomplizierte Gerät, für das die Bayer AG ein Patent besitzt, näher einzugehen. Ein paar Zahlen verdeutlichen schon die außergewöhnlichen Dimensionen dieses »Hilfszugs Chemie«, wie er bei der Feuerwehr genannt wird. Die Anschaffungskosten von 1,5 Millionen DM beinhalten allein 375.000 DM nur für den Spezialtank. Die MAN-Zugmaschine hat ein Gesamtgewicht von 22 t, der Anhänger wiegt leer ebenfalls 22 t, mit vollem Tank sogar 48 t (!), so daß ein Gesamtzuggewicht von 70 t auf die Straße kommt. Bei diesem Gewicht ist eine maximale Geschwindigkeit von nur 25 km/h zugelassen, leer erreicht das 21,5 m lange Gespann knapp 80 km/h. Ein Fahrzeug dieser Größenordnung stellt selbst den schweren Frankfurter MAN-Sattelzug weit in den Schatten.

Ging es bislang fast ausschließlich um teure und große Sonderfahrzeuge für Werkfeuerwehren und Flughafenfeuerwehren, so stehen seit 1979 auch in zunehmenden Maße genormte MAN-Frontlenker in den Fahrzeughallen von kommunalen Feuerwehren. Das erste Normfahrzeug entsteht 1979 bei Metz in Karlsruhe. Es ist eine DLK 23/12 auf MAN 14.192 F für die FF Naila. Nach den vielen Haubenfahrzeugen der Typen 13.168 H-DL und 13.192 H-DL erhält damit erstmals eine Feuerwehr eine Standardleiter auf einem MAN-Frontlenker. Das Leiterfahrzeug hat den gleichen 192-PS-Motor, der auch in den Haubenfahrzeugen eingebaut ist. Das Chassis mit 4350 mm Radstand ist jedoch um eine Tonne aufgelastet auf 14 t Gesamtgewicht. Magirus baut erst 1982 eine DLK 23/12 auf einen MAN 14.192 F. Das Fahrzeug erhält die gemeinsame Werkfeuerwehr der Firmen MTU und MAN in München.

Und es gibt noch einen dritten Leiterhersteller, der MAN-Frontlenker verwendet, der VEB Feuerlöschgerätewerk Luckenwalde. Um ein komplettes Fahrzeugprogramm inklusive Drehleitern anbieten zu

können, arbeitet Bachert zu Beginn der 80er Jahre mit den DDR-Leiterbauern zusammen. Bachert kauft die kompletten Leitersätze samt Drehschemel und Getriebe und baut sie auf Chassis von Mercedes und MAN. Die vierteiligen Leitern haben keinen Korb und einen einfachen Steuerstand ohne Sitzgelegenheit. Die Schrägabstützung der preiswerten Fahrzeuge erfolgt vollhydraulisch. Zwei von insgesamt nur sechs oder sieben gebauten Bachert DL 23/12 werden auf MAN 12.192 F montiert. Sie ähneln den Leiterfahrzeugen auf den rumänischen Roman-LKW. Ein MAN-Leiterfahrzeug stellt Bachert auf der »Brand 83« in Amsterdam aus. Da sich keine Feuerwehr für das Fahrzeug interessiert, wird die Leiter an eine holländische Privatfirma verkauft. Das zweite gebaute Exemplar erwirbt eine argentinische Feuerwehr. Auch die auf Mercedes-Chassis gebauten Bachert-Leitern gehen allesamt in den Export.

Ein wichtiger Auslandsmarkt für Metz-Drehleitern ist seit jeher Großbritannien, wo die Firma Angloco

Bachert liefert 1983 ein Schaumtankfahrzeug (SLF 10.000) auf MAN 26.320 (6x4) an die WF Bayer. Das Fahrzeug führt 10.000 l Schaummittel und verfügt über eine Bachert-Pumpe FP 60/10 (6000 l/Min).

die Produkte aus Karlsruhe vertreibt. Auf der Ausstellung »Firetech 82« in Harrogate stellt Metz seine 30-m-Standardleitern auf diversen Fahrgestellen aus, u.a. auch auf MAN-Frontlenkern. Gleich zwei Feuerwehren können für das MAN/Metz-Modell gewonnen werden.

East Sussex und Staffordshire bestellen bei Angloco Metz DLK 30, allerdings nicht auf den üblichen MAN 14.192 F, sondern aufgebaut auf den MAN 16.240 F mit Fernfahrerkabinen. Offenbar ist man mit den Fahrzeugen zufrieden, denn East Sussex bestellt 1987 und 1988 zwei weitere Exemplare, und

auch South Glamorgan entscheidet sich für solche Fahrzeuge.

Die englischen Drehleitern sind die einzigen, die auf den 16-Tonnen-MAN aufgebaut sind. Eigentlich sind diese Chassis für ganz andere Feuerwehrfahrzeuge vorgesehen, die genormten LF 24, TLF 24/50 und RW 3. Seit 1979 wird der MAN 16.240 F bzw. FA mit den Radständen 3800 mm und 4200 mm (später 3900 mm und 4500 mm) für die schweren Normfahrzeuge angeboten. Der 240-PS-Dieselmotor D 2566 M(MXF) ist identisch mit jenem, der auch für die großen Haubenfahrzeuge verwendet wird.

Die erste Drehleiter auf einem MAN-Frontlenker des Typs 14.192 F baut Metz 1979 für die FF Naila.

Ein LF 24 auf MAN ist für die frühen 80er Jahre nicht nachweisbar. Hingegen stehen einige MAN als TLF 24/50 im Einsatz bei deutschen Feuerwehren. Die Norm schreibt auf der Basis eines Allradfahrgestells mit Truppfahrerhaus (Besatzung 1+2) einen Aufbau mit Wassertank (5000 l) und Schaummitteltank (500 l) vor. Die im Heck eingebaute Pumpe des Typs FP 24/8 leistet 2400 l/Min bei 8 bar, der Dachmonitor 1600 l/Min. Konzipiert sind diese Fahrzeuge für den Einsatz in Gebieten mit schlechter Wasserversorgung, auf Autobahnen, im Gelände und als Wasserzubringer. Die ersten TLF 24/50 auf MAN-Frontlenker werden 1980 gebaut, und zwar von allen drei großen Aufbauherstellern nahezu gleichzeitig. Bachert fertigt ein Exemplar für die BF Nürnberg, Metz für die FF St. Georgen und Ziegler für die FF Naila und die FF Bad Bevensen.

Eine vergrößerte Version des TLF 24/50 ist das TLF 24/80, das 1982 in zwei Exemplaren von der BF Köln beschafft wird. Eines dieser Fahrzeuge ist ein dreiachsiger MAN des Typs 26.240 DFA (6x6) von Bachert, der zusammen mit Drehleiter und LF 16 im regulären Löschzug mitfährt. Insbesondere wegen des unfallträchtigen Autobahnnetzes um Köln herum setzt die Feuerwehr so große Tanklöschfahrzeuge ein. Innerhalb von kürzester Zeit stehen damit 8000 l Wasser und 500 l Schaummittel am Einsatzort zur Verfügung, die über den Dachmonitor oder die beiden Schnellangriffshaspeln abgegeben werden können. Die Bachert-Pumpe FP 24/8 entspricht jener, die in den genormten TLF 24/50 eingebaut ist. Das Kölner Fahrzeug hat zusätzlich unter dem Führerhaus drei Sprühdüsen für Einsätze in Waldgebieten, die vorrangig dem Selbstschutz des Fahrzeugs dienen. Die TLF 24/80 der BF Köln dürften die einzigen dieser Art bei einer deutschen Feuerwehr sein.

Rüstwagen des Typs RW 3 findet man nur bei wenigen großen Berufsfeuerwehren und Werkfeuerwehren. Seit 1986 sind sie nicht mehr Bestandteil

der Norm. RW 3 auf MAN-Frontlenker gibt es seit 1982, als Metz und Ziegler zwei Fahrzeuge für die Werkfeuerwehren Bosch und Peine-Salzgitter AG bauen, beide auf MAN 16.240 FA. Auch in den folgenden Jahren gibt es nur seltene Einzelstücke, wie z.B. den 1985 von Bachert gebauten RW 3 für Berlin oder den seit 1989 bei der BF Köln eingesetzten Rüstwagen.

Bis 1983 werden alle genormten LF 16, TLF 16 und RW 2 auf Hauben-MAN gebaut, deshalb gibt es keine Frontlenker-MAN dieser Fahrzeugarten. Ein dafür vorgesehenes Fahrgestell für 12 t Gesamtgewicht ist in Frontlenkerausführung gar nicht lieferbar. Um auch den Markt für mittelschwere Lastwagen von 12 t bis 17 t wieder besser bedienen zu können, entwickelt MAN eine völlig neue Fahrzeuggeneration, die 1983 auf der »Internationalen Automobilausstellung« erstmals der Öffentlichkeit vorgestellt wird. Zwar ist der Zeitpunkt nicht gerade vorteilhaft, denn das Geschäftsjahr 1982/83 verzeichnet starke Einbrücke im Absatz. Nur 16.000

Die erste Magirus DLK 23/12 auf MAN 14.192 F entsteht 1982 für die WF MTU/MAN.

Das TLF 24/50 der BF Wolfsburg stammt aus dem Jahr 1987 und ist bereits auf einem - 17-tonner des Typs MAN 17.220 FA aufgebaut.

Der einzige MAN-Frontlenker als RW 3 mit Staffelkabine wird 1985 von Bachert für die Berliner Feuerwehr gebaut. Fahrgestell ist, entgegen der damals noch gültigen Norm, ein großer MAN 19.281 FA.

Lastwagen kann MAN verkaufen, ein Drittel weniger als im Vorjahr. Doch handelt es sich hierbei nicht um eine hausgemachte, sondern um eine weltweite Absatzflaute, die vor allem die Schwerlastwagen betrifft. Bei MAN leidet besonders der Export. Da aber die Entwicklungsarbeiten an den neuen Mittelgewichtswagen schon seit Jahren laufen und der Produktionsbeginn längst festgelegt ist, als von einer Krise noch keine Rede ist, fällt das Datum der Premiere in eine ungünstige Zeit. Doch bereits im Geschäftsjahr 1983/84 geht es langsam wieder aufwärts, und 1984/85 kann MAN schon wieder 19.000 Lastwagen verkaufen.

Die Mittelgewichtler werden zunächst in drei Gewichtsklassen (11,8 t, 14 t, 16 t) mit drei Motorvarianten (136 PS, 170 PS, 192 PS) angeboten, später kommt noch ein viertes Modell hinzu, ein 17tonner und ein 232-PS-Motor. MAN hat die Fahrzeuge weitgehend neu konzipiert, so z.B. das Fahrgestell, die Achsen und das Getriebe. Das Führerhaus wird von den schweren LKW abgeleitet, nachdem der ursprüngliche Plan, die Kabine des kleinen MAN/VW zu verwenden, nicht realisiert werden kann. Dafür werden die Motoren der Gemeinschaftsbaureihe übernommen. Der Sechszylinder-Dieselmotor D 0226 MF (136 PS) dient als Basismodell. Die modifizierte Version mit Abgasturbolader und Ladeluftkühlung leistet 170 PS bzw. 192 PS.

Die drei Grundmodelle des Chassis gibt es mit verschiedenen Radständen, mit Allradantrieb und Straßenantrieb. Von Anfang an sind die Mittelklasse-LKW auch für den Feuerwehrdienst vorgesehen, da man die Haubenmodelle 11.192 H und 13.192 H endgültig auslaufen läßt. Grundsätzlich stehen alle drei Frontlenkertypen als genormte Einsatzfahrzeuge zur Verfügung. Die Modelle 12.170 F (FA) und 12.192 F(FA) als LF 16, TLF 16, RW 2 und GW; die Modelle 14.170 F(FA) und 14.192 F(FA) als DLK 23/12 und GW; die Modelle 16.170 F(FA) und 16.192 F(FA) als LF 24, TLF 24 oder WAF/WLF. Tatsächlich kommen praktisch nur die Zwölftonner und Vierzehntonner mit dem 192-PS-Motor zum Einsatz. Ein Feuerwehrfahrzeug mit dem 170-PS-Motor ist, trotz intensiver Nachforschungen, nicht nachzuweisen – jedenfalls nicht in Deutschland. Stattdessen gibt es aber eine MAN-Feuerwehr mit der kleinen 136-PS-Maschine. Das einmalige Stück eines Gerätewagens auf MAN 12.136 F gehört der WF BMW in München. Den Aufbau der Firma Weinmann haben die Feuerwehrmänner selbst ausgerüstet. Die schwache Motorisierung erklärt sich dadurch, daß das Fahrzeug lediglich auf dem Werksgelände der BMW verkehrt und ohnehin nie beim ersten Abmarsch ausrückt, so daß der Zeitfaktor nicht entscheidend ist.

Das erste Normfahrzeug, ein TLF 16 auf dem MAN 12.192 FA, entsteht 1984 bei der Firma Schlingmann in Dissen. Dank des geringen Eigengewichts des Fahrgestells kann das Fahrzeug eine beträchtliche Zusatzbeladung aufnehmen, um das zugelassene Höchstgewicht von 12 t zu erreichen. So findet man in dem Aufbau neben der Normausrüstung eine Kettensäge, einen CO_2-Löscher und einen Pulverlöscher. Großzügig und geräumig ist auch die Mannschaftskabine für eine Besatzung von 1+5 gestaltet. Der Wassertank faßt 2500 l, und die Rosenbauer-Pumpe leistet die übliche Nennfördermenge von 1600 l/Min. Das Fahrzeug geht Anfang 1985 an die FF Oesede.

Auch Bachert und Ziegler bauen 1985/86 etliche LF 16 und TLF 16 auf den MAN 12.192 FA, u.a. für die Feuerwehren Eschborn, Ginsheim, Leverkusen, Penzberg und Berlin. Daneben wird der neue Zwölftonner von MAN auch als RW 2 verwendet, z.B. von Bachert für die FF Wendelstein und die FF Karlsfeld.

Erstmals seit den 20er Jahren erhält auch die BF München 1985-87 wieder Feuerwehrfahrzeuge von MAN. Zunächst werden zwei Pritschenwagen mit Ladebordwand angeschafft, dann folgen zwei

Schlauchwagen SW 2000 von Ziegler und schließlich zwei Schaummittelfahrzeuge (SMF) von Rosenbauer. Alle sechs Fahrzeuge sind auf der Basis des MAN 12.192 FA. Vor allem die beiden SMF sind in Deutschland einmalig. Als Ersatz für zwei alte Zumischerlöschfahrzeuge kauft die BF München 1987 die Sonderfahrzeuge, die für spezielle Einsätze in Industriegebieten, auf Autobahnen und bei Gefahrgutunfällen bestimmt sind. In den Fahrzeugen befinden sich jeweils 2800 l Schaummittel, eine Rosenbauer-Pumpe R 300 (2800 l/Min), eine Schaummittelpumpe R 60 (440 l/Min), die über einen separaten 36-PS-Motor angetrieben wird, und eine Mixmatic-Zumischanlage. Auf dem Dach ist ein Schaum/Wasserwerfer des Typs RM 24 (2400 l/Min) angebracht. Das Schaummittel wird vom Tank zu den an den Wasserausgängen befindlichen Druckzumischern gefördert. Die Schaummittelpumpe hat einen um etwa 4 bar höheren Druck als die Wasserpumpe, so daß das Schaummittel in die Zumischanlage beigegeben werden kann. Die zu-

Ein Einzelstück ist der 1985 bei Metz gebaute GW-Wasserrettung der BF Berlin. Mit Hilfe des Tirre-Krans kann das mitgeführte Boot ins Wasser gelassen werden. Fahrgestell ist der MAN 14.192 FA.

Auf MAN 11.192 baut Bachert 1980 einen RW2 für Salzgitter. Auffallend sind die großen Geräte- kästen auf dem Dach. Das Fahrzeug verfügt über eine Rotzler-Winde mit 8 t Zug- kraft.

1980/81 kauft Berlin
bei Bachert die letzten
sieben LF 16 auf MAN
11.168 HA-LF.

Das abgebildete Fahrzeug
(Baujahr 1980) gehört
zum Löschzug der Wache
Kreuzberg.

82

Auf der Basis des MAN 11.168 H-LF ist dieses TroTLF 16 der Firma Arve ausgeführt. 1979 wird es für die WF Continental gebaut. Arve verwendet in seinen Fahrzeugen meistens Rosenbauer-Pumpen, so auch bei dem vorgestellten TroTLF.

Bei der WF Bayer im Werk Dormagen steht seit 1981 ein sogenanntes TLF 40 in Dienst. In dem von Metz gefertigten Aufbau befinden sich zwei Tanks mit 1400 l Wasser und 1000 l Schaummittel und eine Pumpe mit 4000 l/Min Ausstoß. Das Fahrzeug hat keinen Allradantrieb. Beachtenswert sind die rot lackierten Lamellenverschlüsse.

Neben einem schweren RW 3 unterhält die BF Nürnberg auch den kleineren RW 2. Metz baut das Fahrzeug noch 1976 mit Falttüren. Das Fahrgestell ist ein MAN 11.168 HA-LF.

Die BF Augsburg bekommt 1976 eine mobile Einsatzleitstelle, ausgeführt von der Firma Meyer und aufgebaut auf MAN 11.168 HA-LF.

Bereits 1985 erhält der Flughafen Nürnberg ein neues Pulverlöschfahrzeug. Die Firma Total-Walther baut eine Löschanlage mit 2000 kg Pulver, vier Treibgasflaschen und Dachmonitor auf einen geländegängigen MAN 16.365 FAE, der bei einem Gesamtgewicht von 14 t und 365 PS auf ein beachtliches Leistungsgewicht von immerhin 25 PS/t kommt.

Metz baut 1981 einen schweren GW-Öl auf MAN 26.320 DF (6x4). Das Fahrzeug dient als Zugmaschine für den riesigen Tankanhänger der WF Bayer. Als »Hilfszug Chemie« wird das für 70 t zugelassene Gespann im Rahmen des TUIS eingesetzt.

In Hastings an der englischen Südküste ist diese Metz DL 30 (Baujahr 1988) der East Sussex Fire Brigade stationiert. Die Engländer bevorzugen 16-t-Chassis bei Drehleitern, deshalb wird der MAN 16.240 F verwendet.

Die BF Köln läßt sich 1989 von Ziegler einen RW 3 auf ein Fahrgestell des Typs MAN 17.220 FA bauen.

Die neueste Löschfahrzeuggeneration der BF Duisburg: MAN 19.362 FAK (4x4+2) mit lenkbarer Nachlaufachse und einem Gesamtgewicht von 22 t. 1990 liefert Rosenbauer die ersten beiden Modelle.

Die WF Degussa erhält
1990 ein ULF 8000/2000
von Rosenbauer auf einem
MAN 26.362 DF (6x4).

gangen. Die herkömmliche Gliederung in LF, TLF und DL erweist sich zunehmend als unpraktisch und unzureichend, so daß mehr und mehr Spezialfahrzeuge eingesetzt werden, die größer, schwerer und aufwendiger ausgerüstet sind. Einige Feuerwehren sind vom TLF 16 auf GTLF umgestiegen, andere tauschen das LF 16 gegen ein LF 24 ein, wobei heute auch dreiachsige Löschfahrzeuge mit bis zu 24 t Gesamtgewicht keine Seltenheit mehr sind.

In Berlin bleibt man zwar bei den kleinen Zwölftonnern im Löschzug, jedoch werden seit einigen Jahren die Löschgruppenfahrzeuge und Tanklöschfahrzeuge durch nur einen Fahrzeugtyp ersetzt, das sogenannte Lösch- und Hilfeleistungsfahrzeug (LHF). Die Berliner LHF 16 verfügen neben der üblichen löschtechnischen Ausstattung auch über eine Grundausrüstung für die technische Hilfeleistung, so daß bei der Mehrzahl der Einsätze auf das Nachrücken eines Rüstwagens verzichtet werden kann.

Die LHF 16, anfangs auf Mercedes-Fahrgestellen beschafft, seit 1986 auch auf MAN-Frontlenkern, werden wie die Drehleitern in Niedrigbauweise hergestellt. Dadurch reduziert sich die Gesamthöhe, trotz Allradantrieb von etwa 3200 mm auf 3050 mm. Berlin verwendet unterdessen auch MAN des Typs 14.192 FA als LHF 16, so daß mehr Zuladung möglich ist.

Im Geschäftsjahr 1986/87 tut sich wieder einiges bei MAN in München. Im Januar 1987 treten auch neue Grenzwerte für LKW-Gewichte in Kraft. Das Gesamtgewicht für Zweiachser wird auf 17 t erhöht, für Dreiachser von 22 t auf 24 t und für Vierachser von 30 t auf 32 t.

MAN kann pünktlich mit einer völlig neuen Schwerlastwagengeneration aufwarten: der Baureihe F 90. So werden alle Lastwagen ab 19 t Gesamtgewicht bezeichnet und analog dazu die Mittelgewichtler von 12 t bis 17 t M 90 sowie die kleinen Lastwagen der Gemeinschaftsbaureihe MAN/VW von 6 t bis 10 t G 90.

Die FF Dachau besitzt zwei LF 16 in sehr ungewöhnlicher Firmenkonstellation. Auf die MAN 12.192 FA hat die Firma Wackerhut Gruppenkabinen gebaut und Magirus die Geräteaufbauten mitsamt der löschtechnischen Anlagen gesetzt. Abgebildet ist das LF 16 TS mit Magirus-Vorbaupumpe. Baujahr: 1988 (Chassis), 1990 (Aufbau).

gemischte Schaummenge wird automatisch im Druckzumischer geregelt. Ungewöhnlich für die Zwölftonner von MAN sind zwei Drehleitern, die normalerweise auf Chassis mit 14 t gesetzt werden. Die BF Nürnberg beschafft 1986 eine 30-m-Leiter von Magirus und 1987 eine von Metz und läßt beide auf MAN 12.192 F mit 4350 mm Radstand montieren. Beide Fahrzeuge sind in niedriger Bauart ausgeführt, dazu muß die Kabine entsprechend vorgezogen und tiefergelegt werden. Die Feuerwehr hat sich für die kleineren Zwölftonner entschieden, weil beide Leitern ohne Rettungskorb ausgerüstet sind, dadurch können erhebliche Kosten eingespart werden, was die Beschaffung von zwei weiteren Metz DL 23/12 ermöglicht hat.

Ähnliche Leiterfahrzeuge in niedriger Bauart, allerdings auf dem MAN 14.192 F, laufen seit 1986 bei der BF Berlin zusammen mit den dazugehörigen MAN-Löschfahrzeugen. Wie viele andere Feuerwehren in Deutschland sind auch die Berliner bei der Strukturierung des Löschzugs neue Wege ge-

Das erste genormte TLF
16 auf MAN-Frontlenker
entsteht 1984 bei Schlingmann. Der MAN 12.192 FA
wird bei der FF Oesede
eingesetzt.

PS, 290 PS oder 360 PS. Der große V10-Motor des Typs D 2840 mit 18.273 cm^3 liefert 460 PS bei 2000 U/Min. Von der alten Motorenfamilie D 25 wird lediglich die 200-PS-Version bis 1989 weitergebaut, alle anderen Aggregate werden ab Baujahr 1988 durch die D 28-Motoren ersetzt.

Auch bei den Antriebsachsen ändert sich im Herbst 1987 Grundlegendes. Die noch aus der Zusammenarbeit mit Mercedes stammenden Außenplanetenachsen werden durch die mit der Firma Eaton entwickelten Hypoidachsen ersetzt. Die neuen Achsen sind preiswerter, wartungsfreudiger und ermöglichen höhere Nutzlasten und größere Geschwindigkeiten.

Da MAN das alte SAVIEM-Fahrerhaus bereits seit 20 Jahren baut, ist eine Veränderung dringend geboten. Zu einer völligen Neukonstruktion kann man sich nicht entschließen, so wird die alte Kastenkabine einfach »runderneuert«. Neben Kleinigkeiten sind die eigentlichen Abänderungen im Bereich der Scheiben und der Kotflügel zu sehen. Die Frontscheibe wird etwas vergrößert, die Seitenscheiben aber abgestuft und zweigeteilt. Aus den ehemals runden Kotflügeln werden eckige. Für die F-90-Chassis werden drei Kabinertypen angeboten: Nahverkehrshaus, Fernverkehrshaus und Großraumhaus.

Nach dem erfolgreichen Start der F-90-Flotte 1987 steht erstmals auf der »Interschutz 1988« in Hannover ein F 90 mit neuer Kabine in Feuerwehrausführung. Der MAN 19.292 F, von Atlas mit Ladekran, Abrollsystem und AB-Mulde ausgestattet, dient heute bei der FF Viersen. Ähnliche Wechsellader gibt es bei den Feuerwehren Frechen (MAN 18.232 F), Düren (MAN 17.232 F) und als erster ostdeutscher bei der BF Magdeburg (MAN 18.232 F).

Mit den Jahren sind Feuerwehrfahrzeuge immer größer, schwerer und natürlich teurer geworden. Trotz Normung scheint es nach oben keine Grenze mehr zu geben. Es ist noch gar nicht so lange her,

Sehr selten sind Schlauchwagen auf MAN-Fahrgestellen. Die BF München erhält 1987 zwei SW 2000 von Ziegler, aufgebaut auf MAN 12.192 FA.

Doch nicht nur die Etikettierung ist neu, auch die Motoren, die Achsen und das Design der Fahrerhäuser. Ausgehend von der Motorenfamilie D 25, die seit 1970 erfolgreich produziert wird, konstruieren die Techniker bei MAN eine neue Motorenreihe, D 28 genannt, als Fünfzylinder und Sechszylinder in Reihenbauweise und Zehnzylinder in V-Form. Um dem Bedürfnis nach schadstoffarmen und sparsamen Motoren nachzukommen, entschließt man sich, das seit über 30 Jahren bewährte M-Verfahren des Mittelkugelbrennraumes aufzugeben zugunsten des moderneren Vierstrahl-Einspritzverfahrens. Der erste D 28-Motor wird bereits 1983 gebaut, im Herbst 1987 ist daraus eine komplette Motorenriege in acht Varianten von 240 PS bis 460 PS geworden.

Der Fünfzylindermotor des Typs D 2865 F leistet 260 PS bei 2200 U/Min (Hubraum 9973 cm^3). Der Sechszylinder D 2866 mit 11.967 cm^3 leistet, je nach Ausführung mit oder ohne Ladeluftkühlung, 240

da waren 16 t Gesamtgewicht die »Schallgrenze«
für Fahrzeuge der kommunalen Feuerwehren.
Heute gibt es schon Dutzende von Fahrzeugen mit
19 t, 22 t, ja sogar bis zu 30 t Gesamtgewicht. So
sind die Lastwagen der Baureihe F 90, die eigentlich als schwere Baustellenfahrzeuge und für den
Fernverkehr konzipiert sind, mittlerweile bei zahlreichen Feuerwehren anzutreffen.

Die BF Flensburg beispielsweise besitzt seit 1990
ein LF 24 auf einem MAN 19.292 FL mit Ziegler-Aufbau. Die schweren Löschgruppenfahrzeuge waren,
bis zur Streichung der Norm 1991, für ein Gesamtgewicht von maximal 16 t vorgesehen. Das abge-
lastete 19-t-Chassis mit 4500 mm Radstand der
Flensburger bringt allerdings immer noch 17 t auf
die Waage. Ziegler verwendet für das LF 24 mit dem
offenbar vertauschten Typenschild LHF 16 (!) eine

Das Berliner LHF 16 in der
Ausführung von Ziegler
und aufgebaut auf dem
MAN 14.192 FA. Baujahr
1990.

kombinierte Normal-/Hochdruckpumpe mit einem Ausstoß von 2400 l/Min bei 8 bar und 300 l/Min bei 40 bar. An Löschmitteln werden 2500 l Wasser, 400 l Schaummittel und drei Pulverlöscher mitgeführt. Ein 12-KVA-Generator, ein Lichtmast mit 2x1000 Watt Flutlicht und eine Seilwinde für 5 t Zugkraft sind in dem Fahrzeug festeingebaut. Zur umfangreichen Lösch- und Hilfeleistungsausrüstung gehören Schutzanzüge, Druckschläuche, Strahlrohre, Kettensäge, Trennschleifer, Preßluftatmer, Schweinwerfer, Leitern und anderes. Der MAN ist außerdem mit Automatikgetriebe und Luftfederung ausgestattet.

Noch eine Nummer größer sind die neuen Löschfahrzeuge der BF Duisburg. Schon seit 20 Jahren arbeitet man in der Ruhrmetropole mit eigenwilligen Konzepten, und seither findet man dort die außergewöhnlichsten und größten Tanklöschfahrzeuge, die es im Lande gibt. Es begann mit Mercedes-Dreiachsern, sogenannten GTLF 8000 und TLF 5000, ging über den bekannten Bachert-Vierachser wieder zurück zu vernünftig dimensionierten MAN-Dreiachsern. Dahinter steht die Grundidee, mit möglichst wenig Personal größtmögliche Mengen an Ausrüstung und Löschmittel an den Einsatzort zu bringen. Es hat sich allerdings gezeigt, daß Fahr-

Löschzug in niedriger Bauart der BF Berlin, bestehend aus zwei LHF 16 und einer DLK 23/12. Links: Eines der letzten von Bachert gebauten Löschfahrzeuge für Berlin (1987). Mitte: Metz DLK 23/12 (1987). Rechts: Das erste von Metz gebaute LHF 16 (1987).

MAN 19.292 FL mit Ziegler-Aufbau als LF 24 der BF Flensburg.

zeuge mit mehr als 24 t in Städten schlecht zu manövrieren sind und oft nicht durch zugeparkte Straßen passen. Um die Schwerfälligkeit und mangelnde Einsatzfähigkeit solcher Boliden zu umgehen, hat man in Duisburg eine interessante Problemlösung gefunden. Das Zauberwort heißt »NALL« (Nachlauflenkachse)!

Damit man den Wendekreis und die Fahreigenschaften eines Zweiachsers bekommt, gleichzeitig aber die Nutzlastkapazität eines Dreiachsers erhält, wählt man in Duisburg das System der Nachlaufachse. Ausgehend von einem allradgetriebenen Kipperfahrgestell des Typs MAN 19.362 FAK mit kurzem Radstand von 3500 mm, läßt man von einer Spezialfirma (in diesem Fall Sülzer-Fahrzeugbau) eine zusätzliche einzelbereifte und lenkbare Achse anbauen. So erreicht man eine hohe Nutzlastreserve bei einem Gesamtgewicht von 22 t und einem Wendekreis von nur 14,3 m! Außerdem hat das Fahrzeug die »Schweizer Breite« von 2,3 m, damit auch enge Durchfahrten möglich sind. Diese gute Idee wird aber dadurch ad absurdum geführt, daß Rosenbauer den Aufbau mit Schwenkflächern ausstattet. So ist der Platzvorteil, den Lamellenverschlüsse gegenüber Schwenktüren haben, durch die Schwenkfächer wieder aufgehoben. Bei Einsätzen in engen Straßen ist der Zugang zu den Geräten bisweilen recht umständlich, und der Vorteil eines 20 cm schmaleren Fahrzeugs wirkt nur beim Fahren, nicht am Einsatzort.

Die ersten beiden Fahrzeuge – Rosenbauer nennt sie HLF 5000, die BF Duisburg HLF 28/40 – stehen seit 1990 erfolgreich im Einsatzdienst. Die löschtechnische Ausstattung besteht aus einer Rosenbauer-Pumpe NH 30 mit Förderleistungen von 2800 l/Min bei 8 bar und 400 l/Min bei 40 bar, einem Monitor des Typs RM 24 (2400 l/Min) und zwei Tanks für Wasser (4000 l) und Schaummittel (1000 l). Der MAN hat ein Automatikgetriebe des Typs ZF HP 600 und wird von dem MAN-Diesel D 2866 KF

angetrieben, der 360 PS bei 2200 U/Min leistet und den Wagen von 0 auf 80 km/h in 23 Sekunden bringt. Ein derartiges Fahrzeug kostet rund 600.000,– DM.

Mittlerweile werden auch die TLF 24/50 (jetzt TLF 24/48), die ursprünglich auf 16-t-Chassis aufgebaut wurden, auf großen, abgelasteten MAN der Baureihe F 90 geliefert. 1989 baut Ziegler ein solches Fahrzeug auf MAN 19.292 FA für die FF Vlotho. 1992 werden zwei TLF 24/48 auf MAN 19.272 FA an die FF Landsberg (Ziegler) und die FF Maintal (GFT) geliefert. Auch die ostdeutsche Firma FGL in Luckenwalde verkauft 1993 erstmals TLF 24/48 auf MAN 17.232 FA. Empfänger sind u.a. die Berufsfeuerwehren Potsdam, Cottbus und Oranienburg.

Nicht gerade ein echtes Feuerwehrfahrzeug, aber immerhin im Dienst einer Feuerwehr, ist der große Fahrschulwagen der BF Frankfurt. Der Pritschenwagen ist in zweierlei Hinsicht bemerkenswert. Zum einen wurde die Großraumkabine des MAN

Als einzige Feuerwehr besitzt die BF München einen MAN 17.220 FA mit dem Absetzsystem von Meiller. Baujahr 1987.

Sieben TLF 24/48 läßt das Land Brandenburg 1993 bei FGL bauen. Die auf MAN 17.232 FA gebauten TLF verfügen über einen aus glasfaserverstärktem Kunststoff (GFK) gefertigten Aufbau.

19.332 FU aufwendig verlängert, um weiteren Fahrschülern Platz zu bieten. Zum anderen handelt es sich hierbei um das vermutlich einzige MAN-Feuerwehrfahrzeug mit Unterflurmotor. Die alte Büssing-Tradition wird weiterhin bei MAN gepflegt, natürlich nur bei Fernlastzügen. Der unter der Pritsche liegende Motor ist für Feuerwehrfahrzeuge ungeeignet, da das Fahrzeug kaum Bodenfreiheit hat. Der Frankfurter Fahrschulwagen ist mit dem 330 PS starken Dieselmotor des Typs D 2866 LUL bestückt.

Häufiger als bei kommunalen Feuerwehren findet man die großen MAN F 90 bei Werkfeuerwehren, weil dort eine breite Palette an Einsatzmöglichkeiten für schwere Lastwagen besteht. Besonders die Firma Rosenbauer hat in den vergangenen fünf Jahren eine große Anzahl von Sonderlöschfahrzeugen und Gerätewagen auf großen MAN-Chassis an deutsche und österreichische Werkfeuerwehren ausgeliefert.

Eine der ersten Feuerwehren, die 1989 ein Rosenbauer ULF 4500/500/750 auf MAN 19.242 F erhält, ist die WF Ciba-Geigy. 4500 l Wasser, 500 l Schaummittel und 750 kg Pulver sind die Löschmittelmengen dieses Universallöschfahrzeugs, das eine starke Feuerlöschpumpe (6000 l/Min) und eine Schaummittelpumpe (440 l/Min) besitzt. Erstmals findet der neue 240-PS-Motor des Typs D 2866 F in einem Feuerwehrfahrzeug Verwendung.

Zwei MAN/Rosenbauer erhält 1990 die WF Freudenberg, einen GW 3 und ein WLF mit Meiller-Abrollsystem. Ein schwerer MAN 26.362 DF (6x4) mit Rosenbauer-Aufbau geht 1990 an die WF Degussa. Das Universallöschfahrzeug führt 5500 l Wasser, 2500 l Schaummittel und 2000 kg Pulver. Die WF BMW bestellt ein Rosenbauer SLF 32 auf MAN 19.302 FA mit 2500 l Wasser, 300 l Schaummittel, 180 kg CO$_2$ und 250 kg Pulver. Zwei ULF 6000 von Rosenbauer gehen 1991/92 an die WF ÖMV Raffinerie bei Wien. Als Basisfahrgestelle dienen die schweren MAN/ÖAF 24.302 FNAL. Ebenfalls wie bei den Duisburger Fahrzeugen, so wird auch bei diesen Universallöschfahrzeugen ein zweiachsiges Allradfahrgestell verwendet, dem eine dritte luftgefederte Nachlaufachse (nicht lenkbar) angebaut wird.

Weitere Firmen, deren Werkfeuerwehren MAN/Rosenbauer-Fahrzeuge besitzen sind: Böhringer, Hüls, Siemens und Henkel sowie die Flughafenfeuerwehren in München, Hannover, Nürnberg, Hamburg, Düsseldorf, Klagenfurt und Graz.

Vier faszinierende neue Fahrzeuge gehen zwischen 1990 und 1993 an die WF BASF in Ludwigshafen: ein Rüstwagen, ein Pulverlöschfahrzeug und zwei Schaumlöschfahrzeuge. Im Rahmen des TUIS der chemischen Industrie läßt BASF bei Rosenbauer einen Rüstwagen bauen, der sowohl werksintern als auch Überland eingesetzt werden kann. Als Fahrgestell findet ein MAN 19.362 FL mit 4800 mm Radstand und Luftfederung Verwendung.

Bei einer Leistung von 360 PS und einem tatsächlichen Einsatzgewicht von fast 18,2 t ergibt das ein beeindruckendes Leistungsgewicht von fast 20 PS pro Tonne! Zur Ausstattung des Fahrzeugs gehört ein ZF-Automatikgetriebe, ABS, ASR und ein großes Fernfahrerhaus mit eingebautem Kühlschrank zur Selbstversorgung der Mannschaft bei Ferneinsätzen. Der Rosenbauer-Aufbau, der in Zusammenarbeit mit der Firma Zikun entsteht, hat die beim Getränkehandel üblichen, nach oben und unten schwingbaren, hydraulischen Seitenwände in der gesamten Aufbaulänge von 6 m. Der untere Teil ist wie eine Ladebordwand konstruiert und um etwa einen Meter hebbar. In den Aufbau eingebaut befinden sich ein 75-KVA-Generator, ein Lichtmast (2×1500 Watt) und eine Seilwinde mit 8 t Zugkraft. Die Beladung geht weit über das Übliche eines Gerätewagens hinaus, um die besonderen Gefah-

Der Flughafen Klagenfurt erhält 1990 von Rosenbauer ein PLF 2000 auf einem MAN/ÖAF 16.361 FAE mit kurzem Radstand (3500 mm). Pulverlöschanlage: Minimax P 2000.

Rosenbauer-Rüstwagen der WF BASF. Ein 360 PS starker MAN 19.362 FL verschafft dem Fahrzeug ein Leistungsgewicht von 20 PS/t. Das Fahrzeug verfügt über eine umfangreiche Ausrüstung für alle Arten von Chemie- und Ölunfällen.

ren bei Chemieunfällen wirksam bekämpfen zu können.

Das zweite Sonderfahrzeug der BASF ist ein großes Pulverlöschfahrzeug (TroLF 6000), das in seiner Art und Größe einmalig ist. Der MAN 24.362 FNL, wiederum versehen mit Nachlaufachse, Luftfederung und Fernfahrerhaus, ist eine Gemeinschaftsproduktion von Minimax, Rosenbauer und MAN. Auf den üblichen Aufbau mit Vollverkleidung und Lamellen hat man verzichtet, so daß die beiden jeweils 3000 kg fassenden Pulverkessel frei stehen. Zwischen den Kesseln ist ein Scherenhublift des Typs Laweco installiert, der 80 cm gehoben werden kann und auf dem der Rosenbauer-Monitor RM 60 MP (50 kg/Sek) montiert ist. Zu beiden Seiten des Fahrzeugs befinden sich zusätzlich Schnellangriffs-einrichtungen mit 30-m-Druckschlauch und Pul-

verpistolen, die gleichzeitig mit dem Monitor eingesetzt werden können.

Die neuesten Fahrzeuge im Fuhrpark der WF BASF werden seit Frühjahr 1993 eingesetzt. Als Basis für die beiden baugleichen Schaumlöschfahrzeuge wählte man diesmal die MAN 25.372 FNL (6x2), bestückt mit den Sechszylindermotoren D 2866 mit 11.967 cm^3 und einer Leistung von 370 PS bei 2000 U/Min. Die Aufbauten stammen von der holländischen Firma Kronenburg. Die Fahrzeuge verfügen über kein Löschwasser, sondern nur über einen Schaumtank (9000 l), so daß sie nur per Fremdeinspeisung durch TLF oder Hydranten eingesetzt werden können. Dafür ist eine Pumpe mit 8000 l/Min Fördervolumen vorgesehen sowie zwei Schaummittelpumpen für eine Schaumzumischung von bis zu 6% bei 8000 l Wasserausstoß. Auf festinstallierte

Eines der größten Pulverlöschfahrzeuge Europas dient seit 1990 der WF BASF in Ludwigshafen. Der MAN 24.362 FNL mit Fernfahrerkabine transportiert zwei Kessel mit zusammen 6000 kg Pulver.

Dachmonitore wurde bewußt verzichtet, statt dessen führen die beiden Fahrzeuge je zwei mobile Alco-Wasserwerfer (4000 l/Min) mit.

Gleichfalls auf einem dreiachsigen, luftgefederten F 90 mit lenkbarer Nachlaufachse des Typs 22.242 FNL (6x2) ist eine Gelenkbühne von Wumag aufgebaut. Gelenkbühnen sind bei deutschen Feuerwehren eine Seltenheit, und jener, bei der hauseigenen Werkfeuerwehr des Augsburger MAN-Werks eingesetzte Wumag Elevant WS 240 ist eine absolute Rarität. An dem bis zu 24 m ausfahrbaren Mast, der auch als Kran für maximal 800 kg verwendet werden kann, ist ein Korb mit 400 kg Traglast (vier bis fünf Personen) befestigt, ausgerüstet mit Strahlrohr, Scheinwerfer und Bedienpult. Der Aufbau ruht auf einem tiefergelegten und verlängerten Rahmen für ein Gesamtgewicht von 22 t. Angetrieben wird das Fahrzeug von dem 240-PS-Motor des Typs D 2866 F. Die große Kabine ist für eine Besatzung von 1+5 ausgelegt.

Auch darüber hinaus gibt es seltsamerweise nur sehr wenige Gelenkbühnen auf MAN-Frontlenker. Insgesamt sind nur vier Fahrzeuge bekannt. Neben dem Augsburger Wumag ein älterer Simon Snorkel und zwei Brontos – das Modell Skylift 31-3 wiederum bei der WF BASF in Ludwigshafen, und ein Skylift 28 2T1 in der isländischen Hauptstadt Reykjavik. Ein sehr interessantes und einmaliges Leiterfahrzeug erhält die Flughafenfeuerwehr Düsseldorf im Juni 1993. Erstmals baut Metz eine Leiterbühne, DLK 23/12 S genannt, auf einen MAN und erstmals wird ein dreiachsiges Chassis verwendet. Der von einem 370-PS-Motor und einem automatischem ZF-Getriebe (HP 600) angetriebene MAN 25.372 DF (6x4) hat ein Leergewicht von 19,4 t und ein Einsatzgewicht von rund 21t. Der an der Leiterspitze festmontierte Korb ist für eine Belastung von 400 kg ausgelegt.

Seit dem Baujahr 1988 sind alle schweren Lastwagen der Baureihe F 90 mit der neuen Kabine

ausgerüstet, und ab dem Jahr 1990 folgen auch die mittelschweren M 90 von 12 t bis 17 t. Im gleichen Jahr, in dem die MAN-Lastwagen ihren 75. Geburtstag feiern können, kommt eine verbesserte und überarbeitete Motorenreihe heraus, die sich auf die Ende 1990 verschärften Umweltvorschriften einstellt. Leiser, schadstoffärmer und leistungsstärker sind die neuen Motoren für die LKW der Baureihen M 90 und F 90. Auf dem Feuerwehrtag 1990 in Friedrichshafen stellt die Feuerwehrfahrzeugindustrie einige der MAN-Mittelgewichtler mit neuen Motoren und neuer Kabine aus: RW 2 von Schlingmann; TLF 16 von GFT und Ziegler; LF 16 von Metz; GW-Gefahrgut von Schmitz; sämtlich aufgebaut auf dem MAN 12.232 F(FA).

Der Zwölftonner mit dem neuen Sechszylindermotor D 0826 LF (230 PS bei 2400 U/Min) entwickelt sich zum Standardchassis der 90er Jahre für die genormten Fahrzeuge LF 16, TLF 16, GW und RW 2, sowohl mit Allradfahrgestell als auch in der Normalausführung. Das Chassis ist auflastbar auf über 13 t Gesamtgewicht kann somit sogar für 30-m-Drehleitern verwendet werden. Feuerwehr-

Das neueste Norm-TLF 16/12 von Schlingmann auf MAN 12.232 FA wird seit dem Frühjahr 1993 bei der FF Fulda eingesetzt.

1990 erhält die BF Wien eine Metz DLK 23/12 mit überklappbarem Korb auf einem MAN/ÖAF 14.232 F mit tiefergelegtem Fahrerhaus.

fahrzeuge auf diesem MAN-Erfolgsmodell findet man unter anderem in Eschborn, Bremerhaven, Bayreuth, Markt Schwaben, Penzberg und Georgsmarienhütte.

Das 14-t-Fahrgestell wird hauptsächlich für Drehleitern von Metz, Magirus und seit neuestem auch Camiva verwendet. Doch es gibt auch die Berliner LHF 16 auf MAN 14.232 FA und sogar vereinzelt LF 24, z.B. bei der BF Köln, die 1992 zwei derartige Fahrzeuge von Ziegler erhält, die einige Besonderheiten aufweisen.

Erstmals beschafft eine Feuerwehr LF 24 in Kompaktbauweise, das heißt mit einer Breite von nur 2,3 m und einer Länge von 7,9 m. Erreicht wird die schmale Version durch das »Abschneiden« von Stoßfänger, Kotflügel und Auftritt sowie das Austauschen der Felgen. Da statt einer Gruppenkabine eine Staffelkabine (1+5) verwendet wird, können die Gesamtlänge und der Radstand (3700 mm) reduziert werden. Der Aufbau enthält, trotz Verkleinerung, die gleichen Geräte, die früher für ein ge-

normtes LF 24 vorgeschrieben waren, außerdem einen Wassertank mit 1600 l und einen Schaumtank mit 200 l sowie eine zweistufige Pumpe des Typs Ziegler FP 24/8-2 HH (2800 l/Min). Der 14tonner ist auf ein Gesamtgewicht von 15 t aufgelastet. Damit ist das Kölner LF 24, dem eine ähnliche Idee zugrunde liegt wie dem Duisburger HLF, im Vergleich wesentlich kompakter und leichter. Beide Fahrzeuge sind 2,3 m breit und haben einen Wendekreis von zirka 14,2 m. Unterschiedlich ist die Länge von 7,9 m beim Kölner und 8,77 m beim Duisburger Fahrzeug, sowie die mitgeführten Löschmittelmengen von 1800 l (Köln) und 5000 l (Duisburg), die den beträchtlichen Gewichtsunterschied von sieben Tonnen ausmachen. Welches der beiden Fahrzeugkonzepte letztlich erfolgreicher sein wird, bei ähnlicher Problemstellung, wird die Einsatzpraxis zeigen.

Die höchste Gewichtsklasse der M 90-Baureihe sind die 17-Tonnen-Chassis. Sie werden für LF 24, TLF 24, RW 3 und WLF verwendet. Eine Norm gibt es nur noch für WLF und TLF 24/48, beide für Fahrgestelle mit 17 t Gesamtgewicht. Ein 16-t-Chassis wird von MAN seit 1987 ohnehin nicht mehr angeboten (nur für den Export).

Seit Einführung der neuen Fahrerhäuser bietet MAN seinen Feuerwehrkunden die Möglichkeit, Staffel- und Gruppenkabinen oder Sonderanfertigungen gewissermaßen direkt ab Werk zu kaufen. Zu diesem Zweck werden die Fahrerhäuser in der MAN-Niederlassung Wittlich/Wengerohr dem Kundenwunsch entsprechend umgebaut, noch bevor die Fahrgestelle zu den Aufbauherstellern gelangen. Dort werden Dächer abgeschnitten oder für die Ablage von Drehleitern eingezogen, Kabinenrückwände werden verkürzt, Seitenteile verlängert und Fahrerhäuser werden tiefergelegt.

Nicht nur bei deutschen Feuerwehren steigt die Nachfrage nach MAN-Frontlenkern. Auch im Ausland ist seit einigen Jahren ein wachsendes Interesse für MAN-Feuerwehrfahrzeuge zu beobachten. Nachdem die Engländer bereits seit Anfang der 80er Jahre MAN/Metz-Drehleiterfahrzeuge ordern, kommen Länder wie Dänemark und Island hinzu, deren Feuerwehren sich ebenfalls MAN-Frontlenker beschaffen. Nach den vielen Haubenfahrzeugen und den MAN/VW kauft Falcks Redningskorps 1987 erstmals eine Metz DLK 30 auf MAN 14.192 F für die Falckwache in Lyngby. Ein Jahr später erhält die Feuerwehr Frederiksberg die gleiche Metz-Leiter auf einem MAN 14.192F in Niedrigbauweise. Die Isländer bestellen eine ganze Reihe MAN-Fahrzeuge bei der dänischen Firma Nielsen, die die ganzen Löschfahrzeuge für Falck baut. Die BF Reykjavik erhält drei Hilfeleistungslöschfahrzeuge auf MAN 19.281 FA und 19.362 FA sowie ein TLF auf MAN 16.192 FAE. Auch der Flughafen der isländischen Hauptstadt ist mit zwei gelben MAN/Nielsen-Fahrzeugen ausgerüstet. Und selbst auf den Faroer-Inseln ist ein Tanklöschfahrzeug von MAN/Nielsen im Einsatz.

Bei unseren Nachbarn im Westen, den Holländern, fährt seit 1990 der erste MAN-Frontlenker als Feuerwehrfahrzeug. Ajax-Ziegler baut für die Brandweer Renswoude ein Tanklöschfahrzeug auf MAN 18.232 F. Im gleichen Jahr erhält auch eine belgische Feuerwehr einen MAN 14.232 F als TLF, vermutlich mit einem Aufbau von Vanassche. In der Schweiz beginnt die Ära der MAN-Frontlenker 1991 mit zwei TLF. Ein Exemplar, ein MAN 16.372 FA mit Brändle-Aufbau, geht an die Feuerwehr Weinfelden, das andere Fahrzeug, ein MAN 16.292 F, an die Feuerwehr Egerkingen. Der kleine Schweizer Aufbauhersteller Hauser verwendet 1992 zwei MAN 12.232 FA zum Bau von TLF für die Feuerwehren Bex und Bollingen. Die Österreicher beziehen ihre MAN-Frontlenker von ÖAF, und davon gibt es eine ganze Menge. Angefangen vom einfachen Rosenbauer-TLF 3000 und TLF 4000 auf MAN/ÖAF 19.260 F der FF Villach über den MAN 19. 321 FA der BF Innsbruck bis hin zu den

großen Rosenbauer-ULF 6000 auf MAN/ÖAF 24.302 FNAL »Commander« der WF ÖMV-Raffinerie und jener seit 1990 in Wien stationierten Metz DLK 30 auf MAN/ÖAF 14.232 F in niedriger Bauart. Auch Sonderfahrzeuge, wie z.B. Rüstkranwagen, werden auf MAN-Frontlenker gebaut. Auf einen schweren MAN/ÖAF 26.361 DFA (6x6) läßt der Landesfeuerwehrverband Kärnten von der Firma Marte einen Aufbau und einen Atlas-Kran bauen. Das schwere Kranfahrzeug (SKRF) kann Lasten bis zu 12 t heben, besitzt eine Seilwinde für 8 t Zugkraft, einen 20-KVA-Generator und einen Lichtmast mit zwei Stahlern zu je 1500 Watt.

Etwas kleiner dimensioniert sind zwei Rüstkranwagen der Firma M.U.T., die mit Palfinger-Kränen (3,2 t) bestückt sind und als Basis die MAN/ÖAF 16.242 FA verwenden. Seit 1990 stehen die beiden Fahrzeuge bei den Feuerwehren Waidhofen und Gars im Einsatz. Eines der neuesten Fahrzeuge geht 1992 an die BF Innsbruck. Es ist ein von der Firma Empl gebauter Gerätewagen-Gefahrgut auf einem MAN/ÖAF 12.232 F.

Die österreichische Firma Marte baut 1989 einen schweren Rüstwagen mit Atlas-Kran (12 t) auf einen älteren MAN 26.361 DFA (6x6) für die Stützpunktfeuerwehr Villach.

V: ZU ZWEIT GEHT VIELES BESSER

Die Gemeinschaftsbaureihe von MAN und Volkswagen

So erfolgreich die Zusammenarbeit zwischen MAN und SAVIEM im allgemeinen auch verläuft, bei den Lastwagen unter neun Tonnen Gesamtgewicht sieht die Bilanz für MAN nicht besonders gut aus. Die französischen Transporter und Kleinlaster, die MAN komplett importiert, werden von deutschen Kunden nicht sehr geschätzt. Zwischen 1967 und 1977 werden nur etwa 12.500 MAN/SAVIEM in Deutschland verkauft.

Als SAVIEM 1976 mit Berliet zur RVI (Renault Vehicules Industrielles) zusammengelegt wird, bedeutet dies auch das Ende des Gemeinschaftsvertrages mit MAN. Danach bestehen nur noch Komponentenlieferverträge. Auch der Import der ungeliebten französischen Kleinlaster ist damit beendet.

Bereits zuvor hat man sich im Hause MAN Gedanken darüber gemacht, eine eigene Baureihe kleiner Lastwagen zwischen fünf Tonnen und zehn Tonnen Gesamtgewicht zu entwickeln. Noch während man in München angestrengt nachdenkt und rechnet, erscheint Volkswagen 1975 mit einem neuen Kleinlasterprogramm (Typenreihe LT) für 2,8 t bis 3,5 t Gesamtgewicht (später bis 5,5 t).

Bei MAN erkennt man sofort die Möglichkeit, diese Modellreihe auszubauen, also auch für größere LKW zu modifizieren. Innerhalb von wenigen Monaten wird mit dem VW-Konzern Verständigung darüber erzielt, wie eine zukünftige gemeinsame Produktion von leichten Fahrzeugen der 6- bis 9-Tonnen-Klasse aussehen könnte.

Bereits im Mai 1976 tritt man mit diesem Vorhaben an die Öffentlichkeit, und im Dezember desselben Jahres wird ein Vorvertrag zwischen den Vorstandsvorsitzenden von VW, Toni Schmücker, und MAN, Hans Moll, unterzeichnet. Demzufolge ist geplant, daß beide Firmen die neue LKW-Generation getrennt bauen, daß man sich aber die Fertigung der verschiedenen Bauelemente aufteilen will. Volkswagen soll, auf der Basis des VW LT, das Fahrerhaus liefern, außerdem die Hinterachse und ein neuentwickeltes 5-Gang-Synchrongetriebe. MAN ist für den Dieselmotor, die Vorderachse und die Bremsen zuständig. Die Fahrgestellrahmen sollen bei beiden Partnerfirmen gebaut werden.

Für MAN bietet sich mit dem Gemeinschaftsprojekt endlich wieder eine gute und preiswerte Gelegenheit, in den Markt unter zehn Tonnen Gesamtgewicht einzusteigen, und die monopolähnliche Rolle von Mercedes (rund 80% Marktanteil) zu beenden. Die Bayern können damit ein lückenloses Fahrzeugprogramm von sechs bis vierzig Tonnen anbieten. Volkswagen betrachtet die Gemeinschaftsbaureihe als sinnvolle Ergänzung seiner Transportermodelle und sieht die Chance für neue Absatzmärkte, besonders im Ausland. Gut ausgebaute Händlernetze und Wartungseinrichtungen sind weitgehend vorhanden, können also für den Ver-

Das LF 8 in Aktion! Ein von Ziegler ausgestattetes LF 8 auf MAN/VW 8.136 F demonstriert sein Leistungsvermögen.

trieb der Lastwagen und die Ersatzteilversorgung genutzt werden. Nachdem die grundsätzlichen Vorarbeiten abgeschlossen sind, wird im August 1977 der eigentliche Kooperationsvertrag unterschrieben. Unmittelbar danach beginnt die Konstruktion und der Bau der ersten Prototypen, die 1978 zügig erprobt und optimiert werden.

Datum für den ersten öffentlichen Auftritt der neuen Baureihe ist die Automobilausstellung im Sommer 1979 in Frankfurt, die Serienfertigung beginnt im November 1979. VW baut die Fahrzeuge im Werk Hannover, MAN installiert seine Fertigungstraße im Werk Salzgitter, die Motoren kommen aus dem Werk Nürnberg.

Vier Grundmodelle stehen zur Verfügung, der 6-6,5tonner und der Achttonner mit der 90-PS-Maschine sowie der Achttonner und der Neuntonner mit der 136-PS-Maschine. Die Typen heißen, gemäß der üblichen MAN-Bezeichnung: 6.90 F und 8.90 F sowie 8.136 F und 9.136 F. Alle sind mit der gleichen kippbaren LT-Kabine ausgestattet, und es werden vier Radstände mit 3100 mm, 3600 mm, 4250 mm und 4600 mm angeboten, außerdem für Sonderaufbauten auf dem 8.136 F und 9.136 F ein verlängertes Chassis mit 5100 mm Radstand. Als Antriebsaggregate hat MAN die Motoren der Reihe 02 weiterentwickelt. Der Vierzylinder-Reihenmotor mit 3791 cm³ leistet 90 PS bei 3000 U/Min. Die Sechszylinder-Version mit 5687 cm³ bringt es auf 136 PS bei 3000 U/Min.

Trotz des anfänglichen Interesses an den neuen Fahrzeugen erfüllen sich die Erwartungen der beiden Konzerne keineswegs. Die angestrebten 12.000 bis 15.000 Exemplare pro Jahr können nicht im entferntesten abgesetzt werden. Der beabsichtigte Marktanteil von 25 % scheint zu optimistisch kalkuliert. Allenfalls 3000 Fahrzeuge werden anfangs pro Jahr verkauft. So dauert es denn auch fast sieben Jahre, bis die ersten 25.000 Einheiten die Werkstore verlassen haben.

Aufgrund dieser Erfahrung werden Rationalisierungsüberlegungen angestellt, und ab 1987 wird die Endmontage aller nunmehr G 90 genannten Typen der Gemeinschaftsbaureihe im MAN-Werk Salzgitter zusammengezogen. Das VW-Werk Hannover fertigt nur noch die Fahrerhäuser.

Ab Mitte der 80er Jahre läuft der Absatz besser, nicht zuletzt durch einige Großaufträge. So dauert die Herstellung der nächsten 25.000 Fahrzeuge nur noch drei Jahre. Im November 1990 läuft der 50.000. MAN/VW in Salzgitter vom Band, und damit ist eine Jahresproduktion von rund 7000 Stück erreicht. Auch die Exporterfolge stellen sich in der zweiten Hälfte der 80er Jahre ein. Mittlerweile wird in 57 Länder der Erde verkauft, besonders erfolgreich ist der G 90 in Spanien, Österreich, Dänemark und den Benelux-Ländern.

Nachdem die ersten MAN/VW 1979 auf der IAA in »Zivilversion« vorgestellt werden, nutzen MAN und die Feuerwehrgeräteindustrie die Interschutz 1980 in Hannover, um die neuen Fahrzeuge in Feuerwehrausführung zu präsentieren. MAN ist erstmals bei einer Feuerwehrausstellung mit einem eigenen Stand vertreten und zeigt neben den altbekannten Haubenfahrzeugen auch zwei MAN/VW, ein LF 8 von Arve auf dem Typ 6.90 F und ein TLF 8 von Metz auf dem MAN/VW 8.136 F. Ein drittes Fahrzeug, ein TLF 8, ist bei Ziegler ausgestellt.

LF 8 und TLF 8 sind die am häufigsten gebauten und eingesetzten Feuerwehrfahrzeuge in Deutschland. Fast jede Freiwillige Feuerwehr verfügt heute über ein LF 8, viele sogar über ein TLF 8. Seit den 50er Jahren sind beide Fahrzeugarten genormt. Die Ursprünge des LF 8 gehen auf das Jahr 1943 zurück, als es aus dem LLG (leichtes Löschgruppenfahrzeug) entstand.

Nachdem die Norm für LF 8 mit zwei Versionen begann, für 5,5 t und 7,5 t Gesamtgewicht, bei zwei verschiedenen Beladeplänen, gibt es heute sogar vier Versionen mit diversen Beladeplänen und selbst mit Löschwassertank. Bei den ständigen Veränderungen und Anpassungen der Norm im Laufe der Jahre sind nur zwei Dinge seit den Anfängen konstant geblieben: die Pumpe und die Besatzung. Jedes LF 8 ist für eine Löschgruppe (1+8) ausgelegt und verfügt über eine Feuerlöschkreiselpumpe des Typs FP 8/8 (800 l/Min bei 8 bar). Als Fahrgestell ist ein handelsübliches Modell mit Straßenantrieb oder in Allradversion vorgesehen.

Das TLF 8 dient vorrangig dem Schnellangriff und dem Löschwassertransport im Pendelverkehr. Für diese Fahrzeugart sieht die DIN-Norm eine Besatzung von 1+2 vor, so daß ein serienmäßiges Fahrerhaus Verwendung findet. Der Wassertank faßt 1800 l bei allradgetriebenen Chassis und 2200 l bei normalen Fahrgestellen. Im Heck ist die gleiche Pumpe wie beim LF 8 eingebaut, eine FP 8/8 sowie eine Schnellangriffshaspel. Spezielle Varianten des TLF 8 haben auch Wassertanks mit 2100 l, 2400 l oder sogar 3000 l Fassungsvermögen. Zum Einsatz kommen Fahrgestelle mit 7,5 t und 9 t Gesamtgewicht.

Die ersten, 1980 vorgestellten Feuerwehrfahrzeuge auf MAN/VW haben alle drei Straßenantrieb, da noch kein Allradantrieb lieferbar ist. Während das LF 8 von Arve und das TLF 8 von Metz der Norm entsprechen, ist das Ziegler-TLF eine Spezialanfertigung nach den Wünschen der VW-Werkfeuerwehr in Wolfsburg. Es hat einen 2100 l fassenden Wassertank und einen 400 l fassenden Schaummitteltank. Um Gewichtsreserven für zusätzliche Ausrüstung zu erhalten, wird ein Neuntonner-Chassis verwendet.

Auch im Feuerwehrbereich läuft der Verkauf der neuen MAN/VW zunächst recht schleppend. Nur vereinzelt bauen Metz, Arve, Ziegler und Bachert in den Jahren 1981/82 LF 8 und TLF 8. Zu groß ist noch immer die Dominanz von Mercedes. Die Firma hat zudem den Vorteil, daß sie neben einem umfangreichen Kleinlasterprogramm auch spezielle

Geländefahrzeuge wie den Unimog als TLF 8 und RW 1 anbieten kann.

1982 entsteht bei Metz in Karlsruhe ein Feuerwehrfahrzeug auf MAN/VW, das bis heute einmalig geblieben ist. Die FF Oy-Mittelberg bestellt eine kleine DL 18 und entscheidet sich als Basisfahrzeug für einen MAN/VW 8.136 F. Die Leiter verfügt über keine Hydraulik, sondern muß, wie früher üblich, mit Handkurbel aufgerichtet und ausgezogen werden. Heute bietet Metz dieses Leitermodell lediglich als Anhängeleiter an, die 18-m-Leiter auf LKW wird nur vollhydraulisch und in der Ausführung mit Soforteinstieg produziert. Ohnehin kauft kaum noch eine Freiwillige Feuerwehr eine DL 18. Selbst Kleinstädte ohne Hochhäuser bevorzugen die prestigeträchtigen großen DLK 23/12, ungeachtet der Einsatzmöglichkeiten. Auch deshalb ist nie wieder eine Drehleiter auf ein Fahrgestell der Gemeinschaftsbaureihe montiert worden.

Dafür gibt es aber andere interessante und seltene Feuerwehrfahrzeuge auf MAN/VW. Die BF Duisburg

Die BF Duisburg, immer für Außergewöhnliches zu haben, kauft 1983 und 1985 je einen MAN/VW 9.136 F mit Meiller-Hakenabrollsystem. Abgebildet ist das 83er-Fahrzeug mit dem AB-Saugtank, ein von Haller gebauter 2500-l-Tank zur Aufnahme gefährlicher Flüssigkeiten.

1984 bekommt die FF Aabenraa ein Nielsen-TLF auf MAN 9.136 F. Abgesehen von den Blaulichtern ist das Fahrzeug mit den Falck-TLF äußerlich identisch. Entgegen der üblichen Gepflogenheit von Nielsen hat das TLF aber keine Ruberg-Pumpe, sondern eine Rosenbauer FP 24/8.

beispielsweise bekommt 1983 und 1985 je einen Wechsellader der Firma Meiller. Es ist das kleinste lieferbare Abrollsystem und wird auf Serienchassis mit 3600 mm Radstand des Typs MAN/VW 9.136 F gebaut. Dazu gehören sechs Wechselaufbauten, u.a. AB-Mulde, AB-Ölsperre, AB-Pulver und AB-Abschlepper. Die BF Duisburg ist die einzige Feuerwehr, die G 90-Fahrzeuge als Wechsellader einsetzt, und die einzige deutsche Feuerwehr, die zeitweilig drei verschiedene Wechselaufbausysteme vorgehalten hat.

1982/83 wird auch erstmals ein MAN/VW bei einer ausländischen Feuerwehr beschafft. Und wieder ist es der langjährige MAN-Kunde Falck und natürlich die hauseigene Aufbauschmiede Nielsen, die ein TLF auf MAN/VW 9.136 F herstellen. Nielsen setzt eine Staffelkabine auf das Fahrgestell und einen dreiteiligen Aufbau, in dem sich ein 2000 l fassender Löschwassertank und eine Ruberg-Pumpe (2000 l/Min) befinden.

In den folgenden Jahren erteilt Falck seinem Toch-

terunternehmen den Bauauftrag zu weiteren Löschfahrzeugen auf MAN/VW, so daß heute in fast jeder Feuerwache von Falck ein solches Fahrzeug steht. Damit werden die großen MAN-Hauber aus den 70er Jahren für den ersten Abmarsch abgelöst. Doch Nielsen baut nicht nur für Falck, auch einige Freiwillige Feuerwehren in Südjütland, wie z.B. Aabenraa und Tønder, bestellen Tanklöschfahrzeuge bei Nielsen auf den MAN/VW-Chassis. Besonders die Entscheidung des dänischen Verteidigungsministeriums, 650 MAN/VW zu kaufen, hat für den Erfolg der Gemeinschaftsbaureihe in Dänemark gesorgt.

Natürlich erkennt man bei Volkswagen und MAN schon recht bald das Problem, daß ein Lastwagen, für den es keine Allradversion gibt, in seinem Anwendungsbereich stark eingeschränkt ist. Als Kommunalfahrzeug ist ein Verkaufserfolg nur dann gegeben, wenn ein geländetaugliches Fahrgestell vorhanden ist.

So wird 1981/82 fieberhaft gearbeitet und getestet, und Anfang 1983 geht der MAN/VW mit Allradantrieb in Serie. Angeboten werden die Achttonner und Neuntonner mit 136-PS-Dieselmotor, Einzelbereifung, Außenplanetenachsen mit Differentialsperre, Verteilergetriebe und Blattfedern mit Teleskopstoßdämpfern in den Radständen 3100 mm, 3500 mm und 3750 mm. Bezeichnet werden die Fahrzeuge als 8.136 FAE und 9.136 FAE. Das leichtere 6-Tonnen-Chassis gibt es nicht als Allrad.

Mit der Einführung der Geländefahrgestelle wird gleichzeitig eine Veränderung der Fahrzeugfront vorgenommen. Die neben dem Kühlergrill ziemlich hoch angeordneten Scheinwerfer werden unten in die kräftigen Stoßbalken integriert. An die Stelle der Scheinwerfer kommen die Blinker. Auch die beiden Radkästen der Vorderräder werden etwas wuchtiger entwickelt und ragen deutlicher aus dem Führerhaus als bei den Straßenfahrgestellen. Dadurch wird natürlich auch eine Verbreiterung des Fahrzeugs um einige Zentimeter in Kauf genommen. Zunächst behalten die normalen Chassis noch das alte »Gesicht«, erst ab 1987 werden sämtliche MAN/VW-Typen mit der neuen Fahrzeugfront und den veränderten Scheinwerfern versehen.

Das erste Feuerwehrfahrzeug auf dem geländegängigen MAN/VW 8.136 FAE baut Ziegler 1983 als TLF 8/18 und stellt es auf der IAA in Frankfurt aus. Das mit 1800-l-Tank und Ziegler-Pumpe FP 8/8 ausgestattete Fahrzeug entspricht genau der DIN-Norm 14530 Teil 18. Ziegler verwendet ein Fahrgestell mit 3500 mm Radstand und einer Gesamtlänge von 6075 mm. Während der vergangenen zehn Jahre werden zahlreiche TLF 8 (teilweise mit anderen Abmessungen und Tankinhalten) an deutsche Feuerwehren verkauft, vor allem von Ziegler, Arve, Schlingmann und Metz.

Weitaus verbreiteter als die Tanklöschfahrzeuge sind indes die Rüstwagen (RW 1) auf dem MAN/VW-Allradchassis. Hier kann MAN/VW, aber auch Iveco mit seinen kleinen Geländefahrzeugen, dem Beinahemonopolisten Unimog einen beträchtlichen Marktanteil abnehmen, nicht zuletzt durch Großaufträge des Bundesinnenministeriums für die Katastrophenschutzeinheiten.

Neben einigen Einzelexemplaren des RW1 für kommunale Feuerwehren, gebaut von Metz, Schlingmann und Lentner, fertigt die ansonsten nicht im Feuerwehrbereich tätige Firma OWR (Odenwaldwerke) allein 225 Fahrzeuge des genormten RW1 im Auftrag des Bundes zwischen 1983 und 1987. Ob in Kiel oder Offenbach, Herne oder München, beinahe flächendeckend über die ganze alte Bundesrepublik verteilt findet man die RW1 auf MAN/VW 8.136 FAE.

Die von OWR gebauten Fahrzeuge haben den kleinsten Radstand von 3100 mm und Abmessungen von 5800 mm x 2420 mm x 2950 mm (Länge x Breite x Höhe) bei einem Gesamtgewicht von 7490 kg, so daß die Rüstwagen noch mit Führerschein-

klasse 3 gefahren werden können. An Ausrüstung verfügt der RW1 u.a. über einen Generator, eine hydraulische Seilwinde (5 t), einen Lichtmast (2x1000 Watt), Hebesatz, Kettensäge, Schneidbrenner, Schutzkleidung und Pulverlöscher. Bei den OWR-Fahrzeugen sind die Bordwände hinten und an den Seiten herunterklappbar und damit gleichzeitig als Trittbretter verwendbar.

Eine Variante des RW1 ist der sogenannte Gerätewagen mit Zusatzbeladung (GW-Z), der nur in Niedersachsen vorkommt und für Stützpunktfeuerwehren in Industriegebieten oder Gegenden mit hohem Verkehrsaufkommen bestimmt ist. Jedenfalls ist sein Einsatzbereich nicht abseits befestigter Straßen, deshalb ist für den GW-Z, im Gegensatz zum RW1, auch kein Allradantrieb vorgesehen. Die Beladung des GW-Z unterscheidet sich nur unwesentlich vom RW 1, ist aber, aufgrund der Gewichtsreserven, meist etwas umfangreicher. Demgegenüber besitzt der GW-Z keine Seilwinde und in der Regel auch keinen Lichtmast. Die meisten der

Der RW 1 des Katastrophenschutzes in der Ausführung auf dem allradgetriebenen MAN/VW 8.136 FAE. Das an die BF Kassel gelieferte Fahrzeug stammt aus der letzten Bauserie von OWR auf dem Jahre 1987.

Eine Sonderbaureihe für Niedersachsen sind die GW-Z, die als preiswerte Alternative zum RW 1 gedacht sind. Einer der seltenen von Bachert aufgebauten MAN/VW 6.90 F steht seit 1985 bei der FF Gehrden als Gerätewagen mit Zusatzbeladung.

mobilausstellung präsentiert man eine verbesserte Motorenreihe. Es kommen die Typen D 0824F, ein Vierzylinder mit 4580 cm³ und einer Leistung von 102 PS bei 2700 U/Min sowie D 0826F, ein Sechszylinder mit 6871 cm³ und 150 PS bei 2700 U/Min. Somit heißen die G 90 ab Baujahr 1987 6.100 F, 8.100 F, 8.150 F(AE) und 9.150 F(AE). Die Zehntonner sind für den Feuerwehrbereich nicht relevant, jedenfalls nicht bei deutschen Feuerwehren. Vereinzelt kommt der Typ 10.150 F in Dänemark und Schweden vor.

Die neuen Motoren erreichen durch eine veränderte Kraftstoffeinspritzung bessere Verbrauchswerte und einen geringeren CO_2-Ausstoß. Neu sind auch die druckluftbetätigten Spreizkeilbremsen, ein verstärktes Fahrwerk und die veränderte Frontpartie. Ähnlich den Allradfahrgestellen bekommen nun alle Fahrzeuge der Gemeinschaftsbaureihe G 90, wie sie nun offiziell heißt, analog der großen Baureihen M90 und F90, tiefliegende Scheinwerfer. Die Fahrzeugproduktion wird ab 1987 aus Rentabilitätsgründen im MAN-Werk Salzgitter zusammengezogen.

Neben den zahlreichen genormten LF 8, TLF 8 und RW 1 gibt es auch immer wieder Einzelstücke und Sonderanfertigungen auf der Basis der MAN/VW. Beispielsweise baut Ziegler einen der seltenen SW 1000 für die FF Zell am Harmersbach; Schmitz baut GW-Gefahrgut für die FF Soest und die FF Hilchenbach; Heines fertigt ein ebensolches Fahrzeug für die Feuerwehrtechnische Zentrale des Landkreises Helmstedt; Lentner entwickelt den Prototyp eines neuen SW 2000 und Hutterer konstruiert einen GW-Atemschutz für die FF Dachau. Auch die Feuerwehrtechnische Zentrale des Landkreises Hannover erhält 1991 einen neuen GW-Atemschutz. Dieser MAN/VW 9.150 F ist das letzte von der Firma Arve gebaute Fahrzeug. Im Sommer 1991 muß Heinrich Arve seine Firma aus gesundheitlichen Gründen schließen. Der kleine Betrieb in Springe ist neben Ziegler die Firma gewesen, die die meisten

artigen Fahrzeuge, die man bei niedersächsischen Feuerwehren findet, stammen von Mercedes. Doch es gibt Ausnahmen, wie z.B. den von Arve gebauten GW-Z der FF Steyerberg oder den von Bachert gebauten Wagen der FF Gehrden.

Nach TLF 8 und RW 1 in Allradausführung läßt auch das erste geländetaugliche LF 8 nicht lange auf sich warten. Ein solches Fahrzeug wird erstmals von Arve im Juli 1984 auf einem MAN/VW 8.136 FAE ausgeliefert. Auch dieses Chassis hat 3500 mm Radstand, und die Gesamtfahrzeuglänge, inklusive der Rosenbauer-Vorbaupumpe, beträgt 7050 mm. Der Geräteaufbau ist vollkommen identisch mit jenem der Straßenversion, ebenso die Gruppenkabine, die wegen der angetriebenen Vorderachse und der geforderten Bodenfreiheit etwas höher liegt, so daß der Einstieg ein wenig unbequemer ist. Allerdings ist die Geländeausführung des LF 8 eher die Ausnahme, die weitaus meisten Fahrzeuge haben normalen Straßenantrieb.

1987 betreibt MAN erneut Modellpflege. Zur Auto-

MAN/VW zu Feuerwehrfahrzeugen umgebaut hat – etwa 60 Stück zwischen 1980 und 1991.

Arve hat häufig die Fahrzeuge nach speziellen Kundenwünschen gefertigt, so auch den GW-Atemschutz für den Landkreis Hannover. In dem langen Kofferaufbau befindet sich eine festeingebaute Füllanlage für Preßluftatmer, ein Kompressor und ein 15-KVA-Generator. 27 Reserve-Preßluftatmer und 80 Atemschutzmasken werden in dem Fahrzeug mitgeführt, ebenso Chemieschutzanzüge, ein Kontaminationsanzug und zwei Flutlichtscheinwerfer (1000 Watt). Seitlich am Aufbau ist eine Markise als Witterungsschutz angebracht. Arve hat auch zwei recht ungewöhnliche LF 8 gebaut, die nicht der gültigen Norm entsprechen und als Prototypen konzipiert waren.

Um die Typenvielfalt bei Löschfahrzeugen zu reduzieren, werden Vorschläge erarbeitet, nur drei Grundarten, genannt Basisfahrzeug 1, 2 und 3, zuzulassen. Für alle drei Fahrzeuge ist eine Besatzung von 1+5 vorgesehen. Basisfahrzeug 1 soll den RW1 und das TSF ersetzen, bei einem Gesamtgewicht von nur 3,5 t. Basisfahrzeug 2 ist Ersatz für das TLF 16 und den RW1 mit maximal 9 t Gewicht, inklusive eines 1000-l-Wassertanks. Basisfahrzeug 3 führt 2000 l Löschwasser, hat ein Gesamtgewicht von 17 t und entspricht annähernd dem LF 24.

Von allen drei Fahrzeugen entstehen verschiedene Prototypen. Die Konzeption wird jedoch verworfen, und ab 1990 wird eine »gemäßigte« Typenreduzierung eingeführt, über deren Sinn viel diskutiert wird.

Das einzige Basisfahrzeug 2 auf einem MAN/VW entwickelt Arve in Zusammenarbeit mit der Feuerwehr der »MAN-Stadt« Salzgitter. Auf ein altes Fahrgestell des Typs 8.136 FAE mit serienmäßiger Kabine setzt Arve 1989 einen Aufbau mit integriertem Mannschaftsraum für drei Personen. Dieses kostengünstige Bauprinzip hat Arve bereits 1984 schon einmal bei einem LF 8 für die FF Salzgitter verwirklicht, damals auf einem kleinen MAN/VW 6.90 F mit Rosenbauer-Vorbaupumpe FP 8/8. Das 89er Basisfahrzeug 2 hingegen, das 1990 auf dem Feuerwehrtag in Friedrichshafen ausgestellt ist, verfügt über eine Standardpumpe des Typs FP 16/8 (1600 l/Min), ebenfalls von Rosenbauer, sowie einen Löschwassertank (1000 l), einen Dachmonitor und einen Hilfeleistungssatz.

Die FF Springe (Lüdersen) erhält von Arve 1990 ein LF 8/6 auf MAN/VW 6.100 F. Im vorderen Aufbau ist der 600-l-Wassertank zu erkennen, der laut Norm vorgesehen ist. Im Heck eine eingeschobene Ziegler-Tragkraftspritze TS 8/8, vorn ist eine Rosenbauer-Vorbaupumpe FP 8/8 angebaut.

1986 erhält die FF Dachau einen neuen GW-Atemschutz. Bei dem MAN/VW 8.90 F handelt es sich um einen ehemaligen Laster einer Autovermietung mit einem Kofferaufbau von Spier. Die Feuerwehr kann das Fahrzeug günstig erwerben und läßt es von der Firma Hutterer zum GW-Atemschutz umbauen.

Eine Variante des TLF 8 ist bei einer großen Berufs-feuerwehr im Einsatz, was ansich schon unge-wöhnlich ist. Seit 1992 besitzt die BF Köln ein soge-nanntes Vorauslöschfahrzeug (VLF) von Ziegler auf einem MAN/VW 8.150 F. Ausschlaggebend war für die Kölner bei der Entscheidung für ein so kleines Fahrzeug, daß der Fuhrpark weitgehend aus gro-ßen und schweren LF 24 besteht, die bei den gege-benen Verkehrsverhältnissen im Innenstadtbereich große Probleme haben, die Einsatzorte rechtzeitig zu erreichen. So scheint es geboten, für den Schnellangriff und für Kleinalarme ein wendiges, schnelles und kompaktes Fahrzeug vorzuhalten. Diese Forderungen erfüllt das VLF mit dem Automa-tikgetriebe, einem Radstand von 3100 mm, einem

Bevor Arve im Sommer 1991 den Fahrzeugbau ein-stellt, liefert die Firma als letztes Fahrzeug einen GW-Atemschutz an den Landkreis Hannover, aufgebaut auf MAN/VW 9.150 F.

Den Prototyp eines Basis-2-Fahrzeugs liefert Arve 1990 an die FF Salz-gitter. Es ist das einzige Fahrzeug dieser Art, aufgebaut auf MAN/VW 9.136 FAE.

Wendekreis von 12,5 m und den Abmessungen 6300 mm x 2200 mm x 2900 mm (Länge x Breite x Höhe).

Die löschtechnische Ausrüstung besteht aus einer zweistufigen Ziegler-Pumpe FP 8/8-2 (1800 l/Min bei 8 bar und 300 l/Min bei 40 bar), automatische Schaumzumischung für 1 %, 2 % und 3 %, Wassertank (800 l), Schaummitteltank (100 l) und Schnellangriffshaspel mit 80 m Druckschlauch. Drei Preßluftatmer, Leitern, Pulverlöscher und diverse Geräte für die technische Hilfeleistung komplettieren das für eine Besatzung von 1+6 vorgesehene schnelle Vorausfahrzeug. Da die Verkehrsprobleme in allen großen deutschen Städten mittlerweile ähnlich sind, wird das Kölner Konzept vermutlich Nachahmer finden.

Nicht nur bei deutschen Feuerwehren erfreut sich die Baureihe G 90 zunehmender Beliebtheit, vor allem auch wegen der einfachen Handhabung der Fahrzeuge und ihrer robusten Bauweise. Mehr und mehr ausländische Feuerwehren bestellen bei der einheimischen Aufbauindustrie Löschfahrzeuge und Gerätewagen auf MAN/VW. Neben den zahlreichen, bereits erwähnten Fahrzeugen in Dänemark trifft man besonders in Schweden, Österreich und

Belgien häufig auf MAN/VW-Feuerwehrfahrzeuge. Einige der österreichischen Fahrzeuge der Firma Lohr tragen auf dem Kühler sogar das ÖAF-Emblem. Es sind Neuntonner und Zehntonner in Allradausführung, die für besondere Zwecke aufgelastet und ausgerüstet sind, z.B. schwere Rüstfahrzeuge, entsprechend den RW 2.

Auch in Brasilien findet man Feuerwehrfahrzeuge auf der Basis der G 90. Jedoch führen die dortigen Fahrzeuge nur das VW-Signet, und damit ist klar, daß sie nicht von der deutschen Gemeinschaftsbaureihe abstammen. Tatsächlich sind es echte Volkswagen-LKW, die in Brasilien produziert werden. Von den Tanklöschfahrzeugen mit acht Tonnen Gesamtgewicht der BF Sao Paulo bis hin zu schweren 18-t-Dreiachsern für Gelenkbühnen und Löscharme auf VW Charger reicht die Angebotspalette der Lastwagen mit der LT-Kabine von Volkswagen.

Trotz aller Verkaufserfolge gerade in den letzten fünf Jahren, sowohl bei Privatkunden als auch bei den Kommunen, hat sich die MAN entschlossen, die Produktion der Gemeinschaftsbaureihe G 90 zum Ende 1993 auslaufen zu lassen. So werden also die letzten MAN/VW im Feuerwehrsektor Anfang 1994 mit Aufbauten ausgestattet und ausgeliefert. Sicherlich wird manch einer diesen zuverlässigen und angenehm zu fahrenden Fahrzeugen nachtrauern.

Die Nachfolgegeneration der Baureihe G 90 wird von MAN im Oktober 1993 vorgestellt. Unter der Bezeichnung L 2000 bietet MAN ein vollkommen neues Fahrzeugprogramm von 6t bis 10,5t Gesamtgewicht an, nunmehr in Alleinverantwortung ohne den Partner Volkswagen. Gegenüber den Vorgängermodellen sind Fahrgestelle, Bremsen, Getriebe und Motoren verbessert worden. Besonderer Wert wird auf Sicherheit und Komfort gelegt. Zahlreiche Fahrgestell- und Motorvarianten stehen zur Verfügung, selbstverständlich auch für den Einsatz als Feuerwehrfahrzeuge. Und so sind die beiden ersten L 2000 in Feuerwehrausführung auch bereits fertig: Ein LF 8/6 von FGL auf MAN 8.153F und ein LHF 16 von Ziegler auf MAN 10.223 F. Eine Allradversion des L 2000 ist für das Jahr 1994 angekündigt.

Der Prototyp des neuen MAN L 2000 in Feuerwehrausführung: LF 8/6 von FGL auf MAN 8.153 F mit einer von MAN selbst gebauten Staffelkabine. Das Fahrzeug wird von dem MAN-Dieselmotor D 0824 LFL 01 angetrieben, der 155 PS bei 2400 U/min leistet.

VI. ROBUST UND VIELSEITIG

Geländefahrgestelle von MAN und ÖAF für die Feuerwehr

Der MAN-Konzern hatte schon immer eine enge Verbindung mit dem Militär. Schließlich beginnt der Bau von Lastwagen bei MAN 1915 auf Drängen der Armeeführung, und auch während des 2. Weltkrieges ist MAN ein wesentlicher Faktor bei der Produktion von LKW und Panzern für die Wehrmacht.

Erneut steigt MAN 1956 ins Militärgeschäft ein, als die neugegründete Bundeswehr einen großen Auftrag an Geländefahrzeugen zu vergeben hat. Fast alle deutschen Lastwagenproduzenten beteiligen sich an der Ausschreibung: Magirus, Faun, Büssing, Krupp, Mercedes und natürlich MAN. Da aber nur MAN und Mercedes über große Fertigungskapazitäten verfügen, erhalten sie den Zuschlag für die neuen Militärlaster. Magirus und Faun werden mit kleinen Aufträgen für Spezialfahrzeuge und schwere Zugmaschinen bedacht.

Ein wesentlicher Grund für die Auftragserteilung des Verteidigungsministeriums an MAN ist auch deren Konzept des sogenanten Vielstoffmotors. Er ist ein wahrer »Vielfraß", der neben Diesel auch Benzin, pflanzliches Öl und notfalls Schmieröl klaglos »verdaut«. Der Sechszylinderreihenmotor des Typs D 1246 M3A mit 8276 cm^3 leistet 130 PS bei 2000 U/Min. Diesen Motor baut MAN in das neuentwickelte allradgetriebene Geländechassis 630 L2A mit 4600 mm Radstand und einer Nutzlasttragfähigkeit von 5 t bei einem Gesamtgewicht von 13 t ein.

Die Bundeswehr und einige andere NATO-Länder (z.B. Belgien und Holland) ordern den 630 L2A in großer Zahl. So kann MAN von diesem Erfolgsmodell zwischen 1956 und 1974 rund 29.000 Einheiten bauen, allein 1962 erreicht die Produktion den Höchstwert von 3792 Exemplaren. Darüber hinaus verkauft MAN ab 1958 komplette Bausätze des 630 L2A an die indische Armee. Die Lastwagen werden in Indien montiert, und noch heute fahren sie zu Tausenden unter dem Markennamen »Shaktiman« über Indiens Straßen.

Anders in Deutschland, wo der größte Teil der ersten LKW-Generation der Bundeswehr bereits ausgemustert ist. Ab Ende der 70er Jahre beginnt die Neubeschaffung von Militärlastern in großem Stil, und nach und nach stehen die MAN 630 L2A zum Verkauf. Viele gelangen ins Ausland, unter anderem nach Afrika, wo sie wegen ihrer Robustheit und Geländetauglichkeit hoch geschätzt sind. In Deutschland werden zahlreiche ehemalige Bundeswehrfahrzeuge blau lackiert und beim THW eingesetzt. Deutsche Feuerwehren interessieren sich kaum für diese Fahrzeuge, obwohl man doch sonst so ungeheuer großen Wert auf geländegängige Wagen legt. Offensichtlich stehen einem vermehrten Feuerwehreinsatz zwei Gründe entgegen. Die Nutzlastkapazität von 5 t ist für die Bedürfnisse der Feuerwehren zu gering, um Tanklöschfahrzeuge und Rüstwagen zu bauen. Wesentlicher scheint aber zu

Die BF Dortmund erhält 1990 eine Magirus DLK 23/12 auf dem neuesten Modell der M 90-Baureihe: MAN 14.232 F mit Automatikgetriebe.

Die Wumag-Gelenkbühne auf MAN wird seit 1990 bei der WF MAN in Augsburg eingesetzt. Basisfahrzeug ist ein MAN 22.242 FNL (6x2) mit einzelbereifter Nachlaufachse und Luftfederung.

MAN-Löschzug der BF Köln in schmaler Ausführung (2,3 m), aufgebaut auf MAN 14.232 F. Links die Camiva DLK 23/12, rechts das LF 24 von Ziegler.

Der erste MAN-Front-lenker für eine Schweizer Feuerwehr (FF Weinfelden) entsteht 1991 bei der Firma Brändle. Das TLF (2800 l Wasser und 300 l Schaum) ist auf einen MAN 16.372 FA aufgebaut. Auffallend sind die kleinen Reifen und der sehr hohe Aufbau.

TLF 16 mit Truppfahrer-haus sind heute eine große Seltenheit. 1991 baut Metz für die WF MTU/ MAN in München dieses ungewöhnliche TLF 16-SA (Sonderausführung) mit 2400-l-Wassertank und 200-l-Schaummitteltank. Chassis: MAN 12.232 F.

Die erste und einzige Drehleiter auf einem MAN/VW wird 1982 von der FF Oy-Mittelberg erworben. Metz baut die kleine DL 18 auf den MAN/VW 8.136 F.

Eines von zahlreichen Tanklöschfahrzeugen der Firma Nielsen im Auftrag von Falcks Rednings-korps. Der gezeigte MAN/VW 9.136 F stammt von 1985 und ist auf der Falck-Wache in Kolding stationiert.

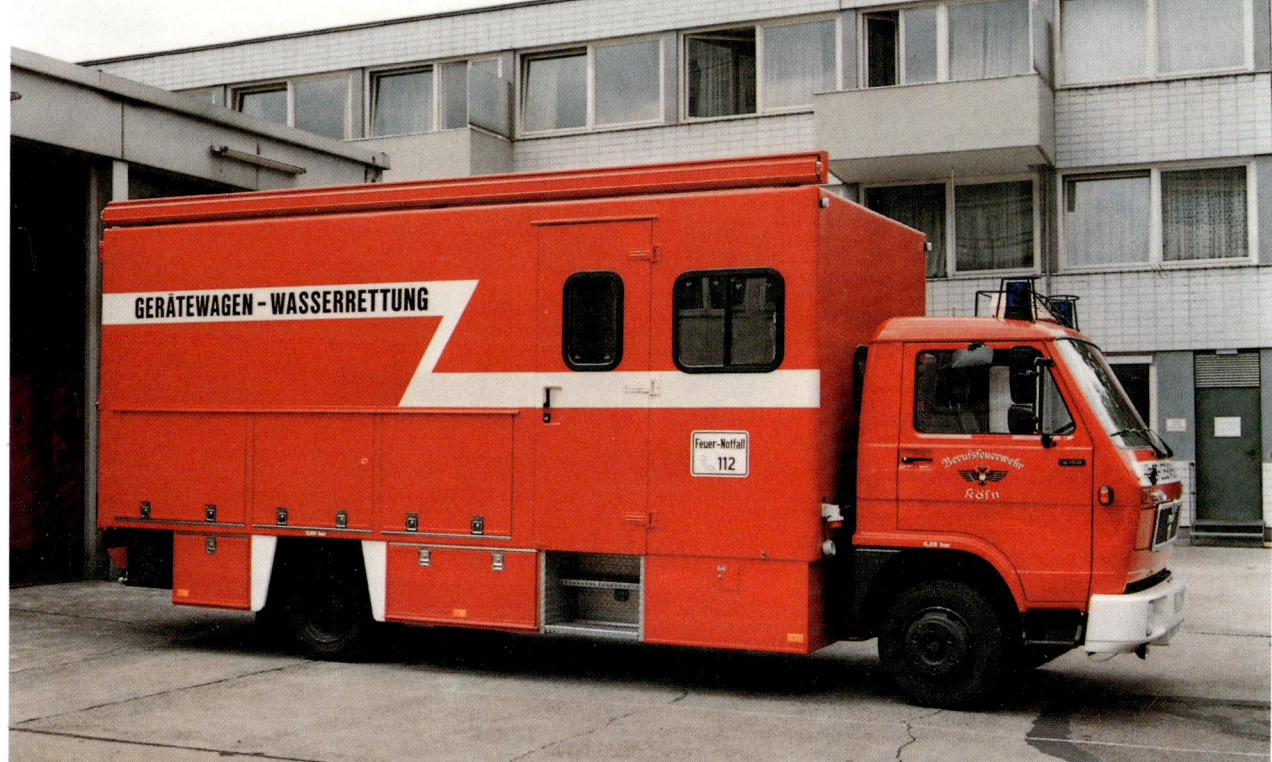

Einen neuen GW-Wasser-rettung besitzt die BF Köln seit dem Frühjahr 1993. Das für die Tauchergruppe bestimmte Fahrzeug ist von der Firma GSF auf einen MAN/VW 8.150 F mit langem Radstand gebaut worden. An der Rückwand des Aufbaus wird ein kleines Schlauchboot mit-geführt.

Die neueste Version des
Schnellangriffsfahrzeugs
»Jumbo Cheetah« von
Rosenbauer ist auf dem
MAN/ÖAF 17.460 FAEG
aufgebaut. Die beiden
Exemplare für Norwegen
sind in der dort typischen
gelb-roten Lackierung
gehalten.

Seit Anfang 1993 läuft das Rosenbauer PLF 2000 auf MAN 16.372 FAEG auf dem Flughafen Hannover-Langenhagen. Als Sonderbeladung führt das Fahrzeug im vorderen Geräteraum 50 faltbare Krankentragen (in den Schubfächern).

Zu dem neuen Fahrzeugkonzept der BF Duisburg gehören auch die schnellen HLF 28/20 auf MAN 14.361 FAEG. Abgebildet ist ein Fahrzeug aus dem Jahr 1988,

Auf dem Nürnberger Flug-
hafen ist der erste Z8 von
Ziegler stationiert.
Der 36-t-Koloss besticht
durch seine gut gestaltete
Linienführung.

sein, daß während der 80er Jahre die Feuerwehren gar kein Interesse an 20 Jahre alten Gebrauchtwagen haben, oder anders gesagt, sie haben es nicht nötig, altes Bundeswehrmaterial günstig zu kaufen. Lieber beschafft man ein nagelneues Fahrzeug, denn Geld spielt kaum eine Rolle – damals, als die Geldbörsen deutscher Kommunen noch prall gefüllt waren!

So gibt es denn auch nur sehr wenige Beispiele von ehemaligen Bundeswehrlastern, die heute bei Feuerwehren eingesetzt werden. Auf MAN 630 L2A sind die beiden Fahrzeuge der FF Celle aus den Jahren 1960/61 am bekanntesten. Die mit sogenannten NATO-Kofferaufbauten versehenen Fahrzeuge haben die Celler Wehrmänner zu Beginn der 80er Jahre in Eigenarbeit zu ELW 3 und SW 2000 ausgebaut.

Wesentlich verbreiteter im Feuerwehrbereich als

Einer der wenigen MAN 630 L2A in Feuerwehrdiensten wird bei der FF Celle als ELW 3 eingesetzt. Das ehemalige Bundeswehrfahrzeug ist Baujahr 1960.

Aus einem ehemaligen Testfahrzeug der Bundeswehr (Baujahr 1972) baute sich die Feuerwehr des Bremer Flughafens ein TroLF 2000.

die MAN 630 L2A sind die Fahrzeuge der zweiten Generation von MAN-Militärlastwagen. Noch während die Produktion der alten Fahrzeuge bei MAN und Mercedes auf Hochtouren läuft, vergibt die Bundeswehr Ende 1964 einen Folgeauftrag für allradgetriebene Lastwagen. Die großen deutschen LKW-Hersteller Büssing, Krupp, Henschel, Magirus, Mercedes und MAN schließen sich zu einem Gemeinschaftsbüro zusammen und beginnen 1965 mit den Entwicklungsarbeiten. Die Bundeswehr verlangt eine Lastwagenfamilie mit unterschiedlichen Nutzlasten von 4 t bis 10 t, die so geländetauglich sind, daß sie problemlos Kettenfahrzeugen folgen können, andererseits aber auch auf der Stra-

ße hohe Geschwindigkeiten erzielen. Weiterhin wird ein luftgekühlter Dieselmotor und volle Schwimmfähigkeit gefordert. Vor allem die Forderung nach Schwimmfähigkeit macht den Ingenieuren großes Kopfzerbrechen, verlangsamt die Konstruktionsarbeiten und verteuert das Projekt immens.

Da Magirus der einzige Anbieter von luftgekühlten Dieselmotoren ist, steht von Anfang an fest, daß sämtliche Motoren bei KHD gebaut werden. Für die Konstruktion des Fahrgestells ist MAN zuständig. Unter der Leitung von Dr. Rudolf Klanner wird ein geschlossener, verwindungsarmer Kastenrahmen entwickelt, an dem lenkergeführte Außenplaneten-

Dieses FLF 60/60 auf MAN Siebentonner ist eine Eigenkonstruktion der Bremer Flughafenfeuerwehr, 1983/84 aus einem Prototyp der Bundeswehr entstanden.

1987 wird für die BF Salzgitter ein schweres MAN-Geländefahrgestell des Typs 30.360 VFAEG (8x8) mit einem Abrollsystem von Meiller bestückt. Aufgesattelt ist ein Löschwasser-container mit 11 m³ Inhalt.

achsen in Verbindung mit langhubigen Schrauben-federn und großvolumigen Stoßdämpfern die Bodenhaftung der Räder auch bei extremer Verschränkung sichern. Diese Konstruktionsmerkmale gelten bis heute für alle MAN-Geländefahrzeuge.

Ende 1967 steht der erste Prototyp zu Testzwecken zur Verfügung. Schon der Prototyp weist die charakteristische kastenförmige Kabine mit den senkrecht stehenden Frontscheiben auf, übrigens ein Entwurf von Magirus, nicht von MAN. Man achtet seinerzeit auf Funktionalität, nicht auf ausgewogene Formen und flottes Design, und so sehen die Fahrzeuge aus wie Mutanten von einem anderen Planeten. Der Motor ist nicht unter, sondern hochliegend hinter der Kabine angeordnet, ein Zugeständnis hinsichtlich der Schwimmfähigkeit wie auch die festmontierte, nicht kippbare Kabine.

Und gerade die Schwimmtauglichkeit erweist sich in der Praxiserprobung als wenig sinnvoll, außerdem zu kompliziert und zu teuer. So lassen sich die zuständigen Militärs doch noch überzeugen, und es wird Ende der 60er Jahre eine zweite Testgeneration gebaut, die nicht schwimmt, aber die gleichen hochgeländegängigen Eigenschaften besitzt.

1971 ist das Gemeinschaftsbüro geschrumpft. Krupp hat den LKW-Bau aufgegeben, Büssing wird von MAN und Henschel von Mercedes übernommen. Überraschend steigt Mercedes 1973 ganz aus dem Projekt aus, so daß nur Magirus und MAN übrigbleiben. Jahrelang testet die Bundeswehr diverse Prototypen mit zwei, drei und vier Achsen, macht Verbesserungsvorschläge und verwirft sie wieder. 1975 ist es dann endlich so weit, die neuen Geländefahrzeuge werden für ausgereift und serientauglich erklärt. Das Verteidigungsministerium beauftragt MAN mit dem Bau von zunächst 8385 Lastwagen, Magirus wird mit der entsprechenden Motorenproduktion betraut.

Drei Modelle der sogenannten Bundeswehr-Kategorie I (KAT I) haben sich letztlich durchgesetzt. Eine 4x4-Version für 5 t Nutzlast, eine 6x6-Version für 7 t und eine 8x8-Version für 10 t, bestückt mit KHD-Dieselmotoren mit 256 PS und 320 PS. Im Herbst 1976 beginnt die Serienfertigung im MAN-Werk Salzgitter und am 29. November werden die ersten Fahrzeuge an die Bundeswehr übergeben.

Von den Testfahrzeugen sind zwei nach ihrer Erprobung bei der Bundeswehr in Feuerwehrdienste gelangt. Die Feuerwehr des Flughafens Bremen kann 1983 und 1985 zwei Prototypen günstig erwerben. In Eigenarbeit und mit Hilfe der Bremer MAN-Vertretung werden sie zu Flughafenlöschfahrzeugen umgebaut. Aus einem MAN 4 t GL (Geländelastwagen) des Jahres 1972 entsteht 1985/86 ein TroLF 2000. Der Prototyp mit 4 t Nutzlast geht später nicht in Serie, er wird ab 1976 in der aufgelasteten Ausführung für 5 t Nutzlast gebaut. Das Bremer Fahrzeug ist mit einer 2000-kg-Pulverlöschanlage von Total ausgerüstet, die ihrerseits aus einem alten Magirus TroLF von 1970 stammt. Zusätzlich erhält das Fahrzeug eine Halonlöschanlage mit 700 kg, einen Rosenbauer-Monitor und einen ausfahrbaren Lichtmast.

Das zweite Fahrzeug, das die fleißigen Bremer selbst entworfen haben, ist ein 1974 gebautes Test-

fahrzeug des Typs MAN 7 t GL (6x6). 1983/84 erfolgt der Umbau in der MAN-Werkstatt Bremen zu einem FLF 60/60. Die letzte Testbaureihe von 1974 unterscheidet sich nur geringfügig von den zwei Jahre später gebauten Serienfahrzeugen. So sind Fahrgestell und Motor des Bremer Fahrzeugs mit den Bundeswehrlastwagen vergleichbar. Der Radstand des knapp 21 t schweren Fahrzeugs beträgt 3800 mm + 1400 mm, die Gesamtlänge 9000 mm. Angetrieben wird das Löschfahrzeug von dem luftgekühlten KHD-Motor des Typs BF8L 413F (12763 cm^3), der 320 PS bei 2650 U/Min leistet. Zwar ist das Fahrzeug ideal im Gelände, aber mit 320 PS nicht besonders stark für heutige Verhältnisse. Ein Leistungsgewicht von 16 PS/t ist recht mager für ein FLF, und eine Beschleunigung von 0 auf 80 km/h in ca. 40 Sekunden genügt kaum heutigen Ansprüchen.

Die löschtechnische Ausrüstung besteht weitgehend aus Rosenbauer-Komponenten. So enthält

Die BF Duisburg setzt als Trägerfahrzeug für ihre Wechselaufbauten die großen Geländevierachser des Typs MAN 27.365 VFAEG (8x8) ein. Das abgebildete Fahrzeug ist das erste von drei baugleichen Exemplaren, 1984 in Dienst gestellt.

der Aufbau eine Pumpe des Typs R 600 (6000 l/ Min) und das Rosenbauer-Foamaticsystem für eine automatische Schaumzumischung, außerdem einen Löschwassertank (6000 l) und einen Schaummitteltank (650 l). Der Dachmonitor RM 50 S liefert 3100 l/Min bei einer maximalen Wurfweite von 80 m. Der Frontmonitor hat eine Ausstoßrate von 1500 l/ Min bei 50 m. Zusätzlich besitzt das Fahrzeug eine Selbstschutzanlage mit sechs Sprühdüsen.

Bereits 1975, also bevor MAN mit der Serienproduktion für die Bundeswehr beginnt, erteilt das österreichische Verteidigungsministerium der österreichischen MAN-Tochter ÖAF den Auftrag über 350 Dreiachser für 10 t Nutzlast auf den hochgeländegängigen MAN-Chassis. Anders als bei den Bundeswehrfahrzeugen sind in den österreichischen Armeelastwagen, genannt S-LKW, keine KHD-Motoren eingebaut, sondern V8-Diesel des Typs MAN D 2538 MTA mit 320 PS bei 2500 U/Min. ÖAF nennt seine Österreich-Version des 20-t-Geländelasters 20.320, hauptsächlich sind es Pritschenwagen mit Palfinger-Ladekränen. In den späten 80er Jahren werden die ersten Armeelastwagen ausgemustert und finden ihren Weg auch zu den Feuerwehren. So läßt beispielsweise die FF Stainz von der Firma Lohr ein derartiges Fahrzeug zu einem TLFA 4000 umbauen, wobei seltsamerweise der Kran beibehalten wird. Ein Tanklöschfahrzeug mit Kran ist schon ein Kuriosum! Zwar sagt die Fahrzeugkennzeichnung, daß es ein TLF mit 4000 l Wasser ist, doch angeblich führt das Fahrzeug sogar 6000 l Löschwasser.

Ende der 70er Jahre entwickelt ÖAF auf der Basis des Bundeswehr-Fünftonners eine Zivilausführung des 4x4-Fahrgestells exklusiv für die Firma Rosenbauer, die ein wendiges und leistungsfähiges Schnellangriffsfahrzeug für Flughäfen konzipieren will. Für extreme Geländefähigkeit sorgen die einzelbereiften Starrachsen mit den starken Schraubenfedern, ein verkürzter Radstand von 3800 mm,

hohe Bodenfreiheit (430 mm) und Böschungswinkel von 35° vorn und hinten. Schnelligkeit ermöglicht ein V10-Dieselmotor des Typs MAN D 2540 MTF mit der enormen Leistung von 440 PS bei 2500 U/Min. Die Höchstgeschwindigkeit des nur 13,5 t schweren Fahrzeugs beträgt 130 km/h. Bei dem schier unglaublichen Leistungsgewicht von 32,5 PS/t beschleunigt das Fahrzeug von 0 auf 80 km/h in 20 Sekunden. Ein automatisches Allison-Getriebe erleichtert die Arbeit des Fahrers. 1981/82 entsteht bei Rosenbauer der Prototyp des Schnellangriffsfahrzeugs auf dem MAN/ÖAF 14.440 FAEG, und ab 1982 bietet Rosenbauer das »schnelle Geschoß« unter dem Namen »Jumbo Cheetah« an. Der erste Flughafen, der 1983 ein solches Fahrzeug kauft, ist der damalige US-Militärflughafen Berlin-Tempelhof.

So beeindruckend die technischen Daten von Fahrgestell und Motor sind, die Löschausrüstung ist demgegenüber im normalen Rahmen dimensioniert. Der »Jumbo Cheetah« hat einen Wassertank mit 2000 l Fassungsvermögen und einen kleinen Schaummitteltank für 220 l. Auf Wunsch baut Rosenbauer zusätzlich eine Pulverlöschanlage mit 250 kg ein oder eine Halonanlage mit 90 kg. Eine zweistufige Rosenbauer-Pumpe des Typs R 280 liefert 2800 l/Min bei 10 bar oder 400 l/Min bei 40 bar. Die Schaumzumischanlage RVMA 230 ermöglicht eine automatische Zumischung bis zu 230 l/Min Schaum/Wassergemisch. Das Dachwenderohr RM 50 gibt 1600 l/Min bei maximal 50 m Wurfweite ab. Links und rechts im hinteren Aufbau sind zwei Schnellangriffshaspeln mit jeweils 40 m formfestem Schlauch.

Bereits 1985, auf der Frankfurter »Interairport-Messe«, bringt Rosenbauer eine modifizierte Version des »Jumbo Cheetah« heraus. Der spurtstarke Flitzer bekommt ein stärkeres Fahrgestell und größere Löschmittelvorräte. Äußerlich nahezu unverändert ist das Chassis des MAN/ÖAF 17.440 FAEG nun-

Der neue Münchner Groß-flughafen erhält 1991 von Kronenburg zwei TroLF 4000 des Typs MANSK 4P, aufgebaut auf Gelände-chassis MAN 22.550 DFAEG (6x6).

mehr bis zu 17 t zugelassen, so daß die Tanks für 2400 l Wasser und 300 l Schaum vergrößert wer-den können. Hinzu kommt die Pulverlöschanlage mit 250 kg Inhalt. Wahlweise sind auch andere Mengenverhältnisse lieferbar. Das erste Fahrzeug auf einem 17-t-Fahrgestell erhält der Flughafen der libyschen Hauptstadt Tripolis, weitere Exemplare gehen nach Neuseeland, Südafrika und Vietnam.

Eine wiederum veränderte Version des »Jumbo Cheetah« präsentiert Rosenbauer 1988 auf der »Interschutz«, genannt RIV 3500/350. Rosenbauer verzichtet immer häufiger auf den Namen »Jumbo Cheetah« zugunsten der Bezeichnung RIV (Rapid Intervention Vehicle). Zwar bleibt es bei einem

Chassis für 17 t Gesamtgewicht, jedoch wird der Radstand auf 4500 mm verlängert, so daß nun das serienmäßige Militärfahrgestell der Exportausfüh-rung MAN 16.240 FAEG KAT II verwendet werden kann. Veränderungen gibt es auch im Bereich der Kabine und des Aufbaus. Die großen Luftschlitze hinter der Beifahrertür und am oberen Aufbau ver-schwinden, und die Radkästen sind weiter ausge-schnitten bzw. durch den Kippmechanismus des Fahrerhauses hinter den Reifen nicht herunterge-zogen, wie das bislang der Fall war. Selbst Türen und Frontpartie sind aus neuen Preßteilen herge-stellt und die Scheinwerfer in die Schräge unter der Kabine versetzt. Die Aufbauverkleidung wird zumeist glatt, ohne Profilsicken ausgeführt, und einige Modelle haben sogar eine freiliegende Angriffshaspel im Heck ohne Türklappe oder Rollverschluß. Die Tankkapazitäten werden variabel gehalten, je nach Wunsch des Kunden und dem Aufgabengebiet des Schnellangriffsfahrzeugs. Der Löschwassertank ist lieferbar für 2000 l, 2400 l, 2800 l, 3000 l und 3500 l, der Schaummitteltank für 300 l, 400 l und 500 l, die Pulverlöschanlage für 250 kg, 500 kg und sogar 1000 kg. Pumpen und Zumischsystem bleiben gegenüber dem Vorgängermodell unverändert. Um die hohen Leistungswerte bei schwererem Chassis und mehr Löschmittel nicht zu sehr zu beeinträchtigen, wird ab Baujahr 1988 der »Jumbo Cheetah« mit einem neuen MAN-Motor ausgerüstet, der 20 PS mehr Leistung bringt, so daß auch bei nahezu 17 t Gesamtgewicht ein Leistungsgewicht von mehr als 27 PS/t und eine Beschleunigung von 0 auf 80 km/h in 20 Sekunden erreicht wird. Zur Anwendung kommt der V10-Dieselmotor des Typs D 2840 LF, der 460 PS bei 2200 U/Min abgibt. MAN hat diesen Motor 1987 für die schwere Sattelzugmaschine 19.462 FS konzipiert und damit für einige Monate den stärksten Fernlastzug Europas gebaut. Von der neuesten Version des »Jumbo Cheetah« werden wieder die meisten Fahrzeuge nach Afrika und Asien exportiert (z.B. Abu Dhabi und Südafrika), doch es gibt auch in Deutschland ein derartiges Fahrzeug.

Seit 1991 besitzt der Flughafen Münster/Osnabrück einen »Jumbo Cheetah", dort TroTLF genannt, auf einem MAN/ÖAF 16.462 FAEG. Trotz der »16« auf dem Typenschild hat das Schnellangriffsfahrzeug ein Gesamtgewicht von 17 t. Es führt einen Wassertank mit 2000 l, zwei Schaummitteltanks mit jeweils 250 l und eine Pulverlöschanlage mit 1000 kg Pulver. Zwar vom gleichen Hersteller und ganz ähnlich im Aussehen, aber dennoch kein echter »Jumbo Cheetah« ist das neue Pulverlöschfahrzeug des Flughafens Hannover. Das 500.000,– DM teure

Fahrzeug ist ein Einzelexemplar und zudem, auf Grund seiner Beladung ohne Vorbild. Das PLF 2000 dient neben dem Einsatz zur Bekämpfung von Flugzeugbränden auch als Sanitätsfahrzeug zur medizinischen Notversorgung bei Großeinsätzen und Havarien. Zu diesem Zweck führt das Sonderfahrzeug 50 Krankentragen mit, drei große Metallkisten mit Verbandsmaterial, Infusionslösungen und Medikamenten; zusätzlich einen Sprungretter, zwei Hitzeschutzanzüge, vier Atemschutzgeräte und vier Handfeuerlöscher mit Co_2, Halon und Pulver. Außerdem verfügt das Fahrzeug über einen Generator und einen Lichtmast mit vier Strahlern zu 1500 Watt.

Der Brandbekämpfung dient ein Kessel mit 2000 kg Pulver und eine Löschanlage von Minimax mit vier Treibgasflaschen à 50 l. Das Pulver kann über Dachmonitor, Frontmonitor oder Schnellangriff abgegeben werden. Der Rosenbauer-Monitor RM 60 EP leistet 50 kg/Sek bei voller Menge mit einer Weite von zirka 55 m. Der Frontmonitor RM 8 EP hat einen Ausstoß von 20 kg/Sek bei maximal 25 m. Über die Löschpistole der Schnellangriffshaspel (30 m Schlauch) können 5 kg/Sek abgegeben werden.

Der von Rosenbauer gefertigte Aufbau ist auf einen MAN 16.372 FAEG montiert, dem gleichen Fahrgestell, das für den »Jumbo Cheetah« verwendet wird. Allerdings läuft das Hannoversche Fahrzeug auf größeren Reifen (16.00 R 20) gegenüber den normalen Typen 14.00 R 20, damit hat es eine größere Bodenfreiheit, und es ist rund 25 cm länger als die anderen Fahrzeuge. Das 16 t schwere PLF wird von einem MAN-Diesel des Typs D 2866 LF02 mit 370 PS bei 2000 U/Min angetrieben.

Als einzige deutsche Berufsfeuerwehr besitzt die BF Duisburg zweiachsige MAN-Fahrzeuge der KAT-Baureihe. Das erste Hilfeleistungslöschfahrzeug (HLF) von Rosenbauer auf MAN 14.361 FAEG entsteht 1986, zwei weitere baugleiche HLF 28/20 kommen 1988 hinzu. Schnell, wendig und hochgeländegängig sind die Bedingungen für das neue Fahrzeugkonzept der Duisburger in Ergänzung zu den schweren TLF 5000 (heute HLF 28/80). Diese Voraussetzungen kann nur das Militärchassis von MAN erfüllen. Um nicht zwei schwere TLF zusammen mit der Drehleiter beim ersten Abmarsch hinausschicken zu müssen, werden an drei verkehrsgünstig gelegenen Wachen die kleinen HLF 28/20 stationiert. Sie unterstützen bei Alarm den Zwei-Fahrzeug-Löschzug, indem sie von zwei oder drei verschiedenen Wachen den Einsatzort anlaufen. Bei Verkehrsunfällen wird das HLF als Vorausrüstfahrzeug eingesetzt.

An Löschmitteln führt das Fahrzeug 2000 l Wasser und 220 l Schaummittel. Eine Rosenbauer-Pumpe R 280 mit Normal- und Hochdruck (2800 l/Min bei 10 bar oder 400 l/Min bei 40 bar) fördert die Löschmittel zu einem Dachmonitor (2400 l/Min) oder zwei schwenkbaren Haspeln (je 60 m Schlauch) zu beiden Seiten des Aufbaus. Desweiteren hat das Fahrzeug einen Generator (8 KVA), einen Lichtmast (4 x 1000 Watt), Hydraulikschere, Spreizer, Hebekissen, Schneidgerät, Kettensäge und Werkzeug. Das HLF ist 8050 mm lang und hat einen Radstand von 4500 m. Motorisiert ist das HLF mit dem MAN D 2866 LXF (360 PS bei 2100 U/Min), der das Fahrzeug von 0 auf 80 km/h in 21 Sekunden beschleunigt. Mit einem Leistungsgewicht von rund 24 PS/t hat das Duisburger HLF 28/20 einen Spitzenwert unter den kommunalen Feuerwehrfahrzeugen in Deutschland.

Im Gegensatz zu den zweiachsigen Militärlastern von MAN ist die dreiachsige Variante der KAT-Fahrzeuge nur sehr selten für Feuerwehraufgaben verwendet worden. Neben dem Bremer Prototyp von 1974 sind nur eine Handvoll Flughafenlöschfahrzeuge und ein WLF bekannt.

Seit dem Ende der 70er Jahre bietet MAN eine Zivilversion bzw. eine militärische Exportversion unter der Bezeichnung KAT II an. Zunächst für 20 t Gesamtgewicht zugelassen, mit einem gegenüber der Bundeswehr-Version verkürzten Radstand von 4000 mm + 1400 mm und einen 280-PS-Dieselmotor des Typs MAN D 2566 MTF, wird der MAN 20.280 DFAEG (6x6) beim Militär ebenso eingesetzt wie in der Bauwirtschaft und sogar als Rallyefahrzeug. Im Gegensatz zu den Bundeswehrfahrzeugen (KAT I) wird für die KAT-II-Ausführung nicht das Militärfahrerhaus verwendet, sondern eine tiefergelegte SAVIEM-Kabine. In Deutschland kommt nur bei der BF Duisburg ein solcher MAN 20.280 DFAEG (6x6) zum Einsatz. 1980 wird er mit einem Hakenabrollsystem ausgerüstet und als WLF in Dienst gestellt. Trotz Bewährung auf der Straße und im Gelände wird das Fahrzeug bereits 1986 wieder verkauft und durch ein noch größeres Geländefahrzeug ersetzt.

Ab 1987 wertet MAN die dreiachsigen KAT-II-Fahrzeuge durch Erhöhung der Nutzlast auf. Zur Verfügung stehen nunmehr Fahrgestelle für 22 t und 24 t Gesamtgewicht mit einem 10 PS stärkeren Motor (D 2866 LFG) in der Normalausführung und mit wahlweisen Radständen von 4000 mm, 4250 mm oder 4500 mm (jeweils + 1500 mm).

Einige Fahrzeuge der 22-t-Klasse, allerdings mit erheblich leistungsfähigeren Motoren, werden als Flughafenlöschfahrzeuge verwendet. Unter dem Namen »Super Buffalo« baut Rosenbauer derartige Fahrzeuge auf MAN/ÖAF-Chassis und liefert sie nach Norwegen und Südafrika. Auch die holländische Firma Saval-Kronenburg produziert Spezialfahrzeuge auf MAN 22.550 DFAEG (6x6). 1991 gehen zwei Trockenlöschfahrzeuge des Typs MANSK 4P an den neuen Flughafen München II. Die knapp 23 t schweren Fahrzeuge werden von einem 550 PS starken V10-Dieselmotor auf eine Höchstgeschwindigkeit von 140 km/h gebracht. Der Beschleunigungswert von 23 Sekunden liegt unter dem von der ICAO (International Civil Aviation Organization) festgelegten Grenzwert von 25 Sekunden.

Typ: MAN SK 4P

Motor:
MAN-Diesel D 2840 LF, V 10-Direkteinspritzer mit Turboaufladung und Ladeluftkühlung; Hubraum 18270 cm³, Leistung 405 kW/550 PS bei 2300/Min.

Getriebe:
Lastschaltbares 6-Gang-Automatgetriebe, Typ Renk 097.PS226.32 mit integriertem Primärretarder.

Fahrgestell:
Hochgeländegängiges 6x6-Dreiachs-Fahrzeug Typ 22.550 DFAEG, verwindungssteifer Kastenrahmen, extrem verschränkbares Fahrwerk mit 3 schraubengefederten, an Längslenkern und Dreieckslenkern geführten Starrachsen.

Maße:
Radstand 4000 + 1500 mm, Länge 9450 mm, Breite 2900 mm, Höhe 3900 mm, Pulverlöschanlage mit 4000 kg Druckbehälter.

Gewichte:
23.000 kg Gesamtgewicht, zul. Achslast vorn/hinten 8500/2x9.000 kg, Leistungsgewicht ca. 23,9 PS/t.

Fahrleistungen:
Höchstgeschwindigkeit ca. 140 km/h; Beschleunigung 0-80 km/h bei 23 t ca. 23 s. Böschungswinkel vorn/hinten ca. 30°, Rampenwinkel 34°, Bodenfreiheit unter Achse 416 mm.

FLF 60/90 auf MAN 30.360 VFAEG (8x8).
Die Nummer 6 des Flughafens Bremen entsteht 1987/88 wiederum in Eigenleistung unter Verwendung von Rosenbauer-Komponenten.

Das verwendete Fahrgestell hat gegenüber der Normalausführung eine Überbreite von 2900 mm und bedarf einer Sondergenehmigung im Straßenverkehr. Das kippbare Fahrerhaus mit drei Sitzen ist, wie heute üblich, so angelegt, daß der in der Mitte sitzende Fahrer sämtliche Funktionen des Fahrzeugs, vom steuerbaren Reifendruck bis zum Bewegen der Monitore, von seinem Platz aus bedienen kann. Die Türen schließen automatisch beim Anfahren. Eine im Heck montierte Rückfahrkamera erleichtert dem Fahrer das Rangieren.

Die Pulverlöschanlage von Saval besteht aus einem Kessel mit 4000 kg Fassungsvermögen. Über zwei Schnellangriffseinrichtungen (2,5 kg/Sek) einen Dachmonitor (50 kg/Sek) und einen Frontmonitor (20 kg/Sek) kann das Pulver mit voller Leistung abgegeben werden. Der Preis der beiden TroLF 4000 beträgt jeweils 780.000,- DM.

Seit dem Ende der 80er Jahre werden bei MAN auch die hochgeländegängigen Militärchassis mit neuen Bezeichnungen versehen. So gibt es neben den bekannten Baureihen G 90, M 90 und F 90 nun auch die Baureihe X 90, und damit entfallen die alten Typisierungen KAT I A1, KAT II und KAT III.

Unterteilt wird die Baureihe X 90 in die Klassen LX 90 und SX 90. Unter die Bezeichnung LX 90 fallen alle zwei- und dreiachsigen Fahrgestelle, die den Nutzlastbereich von 3 t bis 8 t abdecken. SX 90 ist die Baureihe der schweren Drei- und Vierachser von 6 t bis 15 t Nutzlast. Dabei werden die LX-Fahrzeuge mittlerweile auch mit Blattfederung angeboten, während die schweren Geländefahrzeuge nach wie vor ausschließlich mit Schraubenfedern ausgerüstet werden und mit einem speziell entwickelten Federdämpfersystem, das die Achslasten erhöht.

Die seit 1977 gebauten MAN-Geländevierachser (8x8) haben, trotz unterschiedlicher Ausführungen, zahlreiche gemeinsame Merkmale. Als Basis wird ein verwindungsarmer Kastenrahmen für hohe Aufbaustabilität verwendet. Wie schon die kleineren Fahrzeuge, so hat auch die 8x8-Version lenkergeführte Außenplanetenachsen mit Allradantrieb und Einzelbereifung. Böschungswinkel und Bodenfreiheit sind abhängig von der gewählten Reifengröße. Bei Reifen der Größe 14.00 R 20 beträgt der Böschungswinkel 39,9°, die Bodenfreiheit 415 mm. Bei der Reifengröße 16.00 R 20 erhöht sich der Böschungswinkel auf 42° und die Bodenfreiheit auf 457 mm. Konstant sind bei allen Modellen die Radstände zwischen 1. und 2. Achse (1930 mm) und 3. und 4. Achse (1500 mm). Unterschiedlich ist der Radstand zwischen der 2. und 3. Achse: Bei den Bundeswehrfahrzeugen zunächst 3570 mm, bei der Exportausführung und den Sattelzugmaschinen sind verkürzte Radstände von 2770 mm und 3200 mm erhältlich. Für Sonderaufbauten und übergroße Fahrzeuge steht wiederum ein Spezialchassis mit 2900 mm Breite zur Verfügung.

Während man die Bundeswehrserie (KAT I) von 1977 bis 1983 noch für ein Gesamtgewicht von 24,2 t konstruiert, wird die Zivil- und Exportversion ab 1981/82 für ein Gesamtgewicht von bis zu 28 t ausgelegt. Die Typenbezeichnung der KAT II genannten Fahrzeuge lautet MAN 27.365 VFAEG (8x8). Der eingebaute V10-Dieselmotor mit 18 l Hubraum leistet 365 PS bei 2300 U/Min. Selbst Fahrzeuge dieses Typs findet man bei deutschen Feuerwehren. Wieder ist es die BF Duisburg, die sich 1983 entscheidet, es statt mit dreiachsigen geländegängigen Wechselladern noch eine Nummer größer zu probieren, um mehr Nutzlast bei besserer Geländefähigkeit zu erhalten. So beschaffen sich die Duisburger bis 1986 drei fast baugleiche MAN 27.365 VFAEG (8x8) und lassen sie mit dem Hakenabrollsystem RK 12005 der Firma Meiller ausrüsten. Als einziges besitzt das erste Fahrzeug eine eingebaute Rotzler-Seilwinde (TR 080) für 8 t Zugkraft. Alle drei Fahrzeuge haben den gleichen kurzen Radstand von 1930 mm + 2770 mm + 1500 mm. Als 1986 alle drei vierachsigen WLF in Dienst stehen, wird der dreiachsige MAN 20.280 DFAEG bereits ausgemustert.

Ein vierter MAN 27.365 VFAEG (8x8) wird 1987 für ein Feuerwehrfahrzeug verwendet. Nachdem die Feuerwehr des Flughafens Bremen bereits 1983 und 1986 zwei ehemalige Militär-MAN in Eigenarbeit zu Flughafenlöschfahrzeugen umgebaut hat, wird nun erneut mit Hilfe der Bremer MAN-Vertretung in mühevoller Arbeit ein großes FLF 60/90 entwickelt und gebaut. Diesmal kauft man allerdings ein fabrikneues 8x8-Fahrgestell für ein Gesamtgewicht von 28 t und mit den gleichen Radständen und dem gleichen Motor wie die Duisburger Fahrzeuge. Das Bremer Fahrzeug hat indes ein um 40 cm verbreitertes Chassis und somit die Abmessungen von 9655 mm x 2900 mm x 3400 mm (LxBxH). Wie bei allen Bremer Fahrzeugen, so greift man bei der löschtechnischen Ausrüstung auch diesmal auf Rosenbauer-Teile zurück. Die Feuerlöschpumpe R 600 (6000 l/Min) speist die beiden Wenderohre auf dem Dach (4000 l/Min) und vor der Front (1000 l/Min), eine Schnellangriffshaspel und die Selbstschutzdüsen. Das Fahrzeug verfügt über einen Vorrat von 9000 l Wasser und 950 l Schaum. Noch während die Bremer ihr Produkt auf der »Interschutz« 1988 voller Stolz der Öffentlichkeit präsentieren, bauen sie schon wieder an dem nächsten Fahrzeug. Wiederum ist es ein FLF 60/90, somit werden die gleichen Löschmittelmengen mitgeführt und die gleichen Pumpen und Monitore von Rosenbauer verwendet. Das Fahrgestell und der Motor sind hingegen anders, denn MAN ändert 1987 die Tonnageklasse und die Motortypen der KAT-Fahrzeuge. So wird der neue Vierachser (MAN 30.360 VFAEG) für 30 t angeboten und mit dem Dieselmotor D 2866 LXF (360 PS bei 2100 U/Min) bestückt.

Wegen des verstärkten Chassis wird auch der Radstand zwischen der 2. und 3. Achse wieder auf 3570 mm verlängert. Damit vergrößert sich auch der Aufbau gegenüber dem Vorgängermodell um rund 90 cm und es entsteht Platz für zwei zusätzliche Geräteräume.

Flughafenlöschfahrzeuge müssen schnell und spurtstark sein. Um so erstaunlicher ist die Tatsache, daß die Bremer für ihre beiden Eigenbauten

Das erste Rosenbauer-FLF des Typs »Mamba« geht an den Flughafen Dresden. Das Chassis aus der Sonderbaureihe SX 90 hat die Typenbezeichnung 32.760 VFAEG (8x8).

keine leistungsstarken Motoren verwenden, die MAN ja anzubieten hat, sondern sich mit den normalen Aggregaten »von der Stange« begnügen. Waren schon die Daten des 28tonners mit 365 PS recht schwach für ein FLF, so sind die 360 PS für ein fast 30 t schweres Fahrzeug allenfalls für einen Wechsellader ausreichend. Ein Leistungsgewicht von 12 PS/t liegt heute weit hinter dem Standard eines FLF, ebenso ein Beschleunigungswert von 60 Sekunden von 0 auf 80 km/h!

Ein anderes Feuerwehrfahrzeug auf MAN 30.360 VFAEG (8x8) wird 1987 für die BF Salzgitter gebaut. Dem Beispiel der Duisburger folgend, entscheidet sich auch Salzgitter für ein hochgeländegängiges Wechselaufbaufahrzeug mit großer Nutzlastreserve, und sicher nicht nur, weil diese Fahrzeuge in der MAN-Fabrik in Salzgitter gebaut werden. Zwar haben die Fahrzeuge in Duisburg und Salzgitter das gleiche Abrollsystem von Meiller, doch ansonsten unterscheiden sie sich in einigen wesentlichen Punkten. Salzgitter hat die neue Kabine, Duisburg die alte mit dem Kühlergrill, die Konstruktion der Reserveradbefestigung ist unterschiedlich die Radstände und die Motortypen sind verschieden und das Fahrzeug aus Salzgitter hat eine größere Gesamtlänge. Nach der Vorführung des WLF auf der »Interschutz« 1988 wird das Fahrzeug in Salzgitter in Dienst gestellt.

Auf derselben Fachmesse 1988 in Hannover beginnt auch die Ära der PS-starken Giganten auf MAN-Allradfahrgestellen. Saval-Kronenburg stellt den Prototyp eines FLF auf MAN-Vierachser aus, der im Vergleich mit dem ebenfalls gezeigten Bremer FLF 60/90 einiges mehr zu bieten hat. Die Holländer verwenden zwar auch ein Chassis mit 2900 mm Breite, jedoch mit dem längeren Radstand von 3570 mm zwischen der 2. und 3. Achse. Der Fahrgestelltyp lautet 30.760 VFAEG (8x8), woran ersichtlich ist, daß das Fahrzeug über einen besonders starken Spezialmotor mit 760 PS Lei-

stung verfügt. Um dem FLF angemessene Beschleunigungswerte und Höchstgeschwindigkeit zu ermöglichen, hat man sich für den V12-Intercoolermotor MAN D 2842 LE entschieden, das größte und stärkste, was MAN 1988 an Fahrzeugmotoren zu bieten hat. Der Kronenburg-Prototyp besitzt noch die kantige Militärkabine mit senkrechten Frontscheiben und einen flachen, breiten Aufbau, in dem Pumpe, Wassertank (9000 l) und Schaummitteltank (1000 l) untergebracht sind. In seiner äußeren Erscheinungsform ähnelt das FLF durchaus dem ebenfalls sehr kantig und sperrig wirkenden Bremer Fahrzeugen. Für Kronenburg dient das Fahrzeug zunächst nur als technisches Muster ohne ein dazu passendes Gestaltungskonzept. Dieses Konzept erscheint erst ein Jahr später auf der »Interairport 89« in Frankfurt in Form von gezeichneten Designerstudien.

Ebenfalls große Ähnlichkeit mit dem Kronenburg Flughafenlöschfahrzeug hat das FLF 11000 von Rosenbauer, genannt »Mamba«. Auch dieses Fahrzeug wirkt durch die verwendete Serienkabine in Verbindung mit dem breiten Aufbau plump und bullig. Doch ganz im Gegenteil handelt es sich beim »Mamba« um ein recht temperamentvolles Gefährt, das über den gleichen starken 760-PS-Dieselmotor verfügt wie das Kronenburg-FLF. Der fast 33 t schwere Koloß erreicht aus dem Stand die 80 km/h in nur 25 Sekunden und erfüllt damit die Richtlinien der ICAO. Die Höchstgeschwindigkeit von beinahe 130 km/h und das Leistungsgewicht von 23 PS/t können sich durchaus sehen lassen. Das Fahrgestell des »Mamba« vom Typ MAN 32.760 VFAEG (8x8) ist eine um zwei Tonnen verstärkte Version des Kronenburg-Prototyps. Im Aufbau befinden sich Wassertank (10.000 l), Schaummitteltank (1000 l) und Pulverlöschanlage (500 kg). Die Rosenbauer-Pumpe R 600 wird von einem separaten MAN-Motor angetrieben (immerhin 311 PS) und fördert 6000 l/Min. Über den

Kronenburg FLF 14.000 (MANSK 14) auf MAN 36.1000 VFAEG (8x8). Das 1992 an den Flughafen Hannover gelieferte Fahrzeug wird dort als FLF 80/120-16 bezeichnet. Als Zusatzausrüstung verfügt das Fahrzeug über einen Lichtmast mit vier Scheinwerfern à 1500 Watt.

Dachmonitor RM 60 E werden 6000 l/Min abgegeben, über den Frontmonitor RM 8 E 1000 l/Min. Als Zusatzausrüstung hat das FLF 11.000 einen Generator und einen ausfahrbaren Lichtmast. Der erste und bislang einzige »Mamba« geht 1992 an den Flughafen Dresden.

1990/91 entwickeln die MAN-Techniker auf der Basis der Baureihe SX 90 ein 8x8-Chassis mit noch höherer Nutzlast bei gleichen Abmessungen wie beim »Mamba«. Das Ergebnis der Arbeit ist eine wahre technische Meisterleistung und der Gipfel dessen, was im deutschen LKW-Bau derzeit angeboten wird: der MAN 36.1000 VFAEG (8x8)! Zugelassen für ein Gesamtgewicht von 38 t bietet das bewährte hochgeländegängige Fahrgestell mit Allradantrieb alle Voraussetzungen für die Konstruktion eines FLF modernster Bauart. MAN hat sich mit diesem Spezialchassis auch international auf eine technologische Spitzenposition hinaufgearbeitet. Kein anderer Hersteller kann derzeit ein sol-

ches, aus der Serie abgeleitetes und bestens erprobtes Geländefahrgestell mit einem so leistungsstarken Motor anbieten.

Als Antrieb haben die MAN-Ingenieure den V12-Turbodiesel D 2842 LXF entwickelt, der 1000 PS bei 2300 U/Min leistet und das Fahrzeug je nach Gewicht auf eine Spitzengeschwindigkeit von 130 oder 140 km/h bringt, bei einer Beschleunigung von 20 Sekunden von 0 auf 80 km/h.

Drei große Feuerwehrfahrzeughersteller benutzen dieses leistungsfähige MAN-Chassis für ihre Flughafenlöschfahrzeuge: Kronenburg, Ziegler und Rosenbauer. Die drei Modelle MANSK 14, Z8 und »Panther« gehören zu den stärksten, größten, schwersten und auch teuersten Feuerwehrfahrzeugen, die es gegenwärtig weltweit gibt. Nur der große »Simba (8x8)« von Rosenbauer kann da noch mithalten bzw. sogar noch drüberstehen.

Saval-Kronenburg hat seinen MANSK 14 gemeinsam mit MAN und den Flughäfen München und Hannover auf der Basis des Prototyps FLF 10.000 konzipiert, wobei die höhere Nutzlast und die stärkere Motorisierung Berücksichtigung findet.

Typ: MANSK 14

Motor:

MAN-Diesel D 2842 LXF, V 12-Dirketeinspritzer mit Turboaufladung und Ladeluftkühlung; Hubraum 21930 cm³, Leistung 735 kW/1000 PS bei 2300/Min, maximales Drehmoment 3500 Nm bei 1500/Min.

Getriebe:

Lastschaltbares 5-Gang-Automatikgetriebe mit integriertem Verteilergetriebe vom Typ Renk WR 1.03/PS227.32. Wandler und Retarder am Motor befestigt.

Fahrgestell:

Hochgeländegängiges 8 x 8-Vierachs-Fahrzeug Typ MAN 36.1000 VFAEG, verwindungssteifer Kastenrahmen, extrem verschränkbares Fahrwerk, 4 schraubengefederte, an Längslenkern und Dreieckslenkern geführte Starrachsen, 2 lenkbare Vorderachsen.

Maße:

Radstand 1930+3570+1500 mm, Länge 12300 mm, Breite 2900 mm, Höhe 3900 mm, Behälter mit 13.500 Liter Wasser+2x810 l Schaum.

Gewichte:

38.000 kg Gesamtgewicht, Achslast vorn/hinten: 2 x 7.500/2 x 13.000 kg, techn. zul. Zuggesamtgewicht 83000 kg; Leistungsgewicht 26,3 PS/t.

Fahrleistungen:

Höchstgeschwindigkeit 140 km/h; Beschleunigung 0-80 km/h bei 38 t ca. 19 s. Böschungswinkel vorn/hinten ca. 30°, Rampenwinkel 29°, Bodenfreiheit unter Achse 416 mm.

Die ersten Fahrzeuge werden im Sommer 1991 an den neuen Flughafen München II übergeben, der im Mai 1992 seinen Betrieb aufnimmt. Vier MANSK 14 werden dort stationiert, zwei MANSK 14 erhält 1991 und 1992 der Flughafen Hannover-Langenhagen zu einem Anschaffungspreis von rund 1,2 Millionen DM pro Stück.

Die Fahrzeuge führen einen Löschwasservorrat von 13.500 l und einen Schaummittelvorrat von 1620 l. Die Saval-Pumpe fördert 8000 l/Min und wird von einem zusätzlichen MAN-Motor mit 311 PS angetrieben. Das Dachwenderohr leistet bis zu 6000 l/Min, das Frontwenderohr 1800 l/Min. Außerdem kann das Schaum/Wassergemisch über eine Schnellangriffseinrichtung abgegeben werden (450 l/Min) sowie über neun Sprühdüsen zum Selbstschutz des Fahrzeugs. Abweichend von diesen Angaben führt das Fahrzeug Nr. 5 des Flugha-

fens Hannover nur 12.000 l Löschwasser. Der durch die Verkleinerung des Tanks eingesparte Platz wird für einen Generator (8 KVA) genutzt und einen auf 6 m ausfahrbaren Lichtmast von Clark-Teklite mit vier Strahlern zu 1500 Watt. Ansonsten entspricht das Fahrzeug den übrigen Modellen.

Kronenburg hat seine 1989 entwickelte Designstudie weitgehend bei den Originalen verwirklicht. Die gesamte Frontpartie ist so verändert, daß von dem MAN-Militärfahrerhaus nichts übriggeblieben ist. Durch das Schrägstellen der Windschutzscheibe erscheint das Fahrzeug schnittiger und gefälliger, und es bietet zugleich mehr Raum im Fahrerhaus, das für drei Besatzungsmitglieder angelegt ist. Den Aufbau hat Kronenburg gegenüber dem Prototyp nur leicht verändert. Die Fahrzeuge des Flughafens München unterscheiden sich nur in einem Punkt von den Hannoverschen FLF. Die Münchner haben automatische Türen, die auch im unteren Teil eingebautes Glas haben, was bei den Hannoveranern fehlt.

Nachdem Ziegler 1988 mit einem neuen FLF aufwartet, dem dreiachsigen Z1, konstruiert man in Giengen 1991 auch eine vierachsige Version auf MAN 36.1000 VFAEG, genannt Z8. Motor und Fahrgestell entsprechen den Kronenburg-Fahrzeugen, nur die Löschtechnik und die Gestaltung sind anders. Mehr noch als die Designer bei Kronenburg haben es die Techniker bei Ziegler geschafft, dem schweren Fahrzeug den Charakter eines Lieferwagens zu verleihen. Klare Linienführung bei Kabine und Aufbau und viel Glas am Führerhaus nehmen dem Fahrzeug die Schwere und Bulligkeit. Der Aufbau gliedert sich in drei getrennte Komponenten, die einzeln auf dem Rahmen montiert sind. Gegenüber dem Kronenburg-FLF ist der Z8 um 2 t leichter, dafür werden auch nur 12.000 l Wasser und 1500 l Schaummittel mitgeführt. Über einen separaten 278-PS-Motor wird die zweistufige Ziegler-Pumpe FP 60/10-2H (max. 6000 l/Min) angetrieben. Die Schaumzumischanlage ZPV 60 ist für eine Schaumzumischung von 3,6 % bis 8 % ausgelegt. Über den Dachmonitor können bis zu 5000 l/Min abgegeben werden bei 80m Wurfweite, über den Frontmonitor 1000 l/Min bei maximal 40m. Auch der Z8 verfügt über eine Selbstschutzeinrichtung mit sieben Düsen. Zu beiden Seiten im unteren Aufbau befinden sich Schnellangriffshaspeln mit 40m formfestem Schlauch und Pistolenstrahlrohr. Der Z8 hat eine Gesamtlänge von 11,18m bei einer Breite von 2,9m und einer Höhe von 3,5m. Wie bereits der Z1 von Ziegler so tut auch der Z8 unterdessen seinen Dienst auf dem Nürnberger Flughafen. Ein geländegängiger Zweiachser Z4, zur Abrundung der Ziegler-Baureihe, ist bislang noch nicht entstanden.

Nachdem Rosenbauer schon einmal, nämlich 1980 bei der Präsentation des »Simba«, die Fachwelt in Erstaunen versetzt hat, wird 1991, anläßlich des 125jährigen Firmenjubiläums, erneut ein Fahrzeug mit richtungsweisender Konzeption vorgestellt. Rosenbauers neue Baureihe von Flughafenlöschfahrzeugen namens »Panther« tritt in der größten Ausführung als allradgetriebener Vierachser ins Rampenlicht. Basierend auf dem MAN 36.1000 VFAEG mit gleicher Spezifikation wie der Z8 und der MANSK 14 baut Rosenbauer ein großes FLF 12.000, das vor allem wegen seiner bestechenden Linienführung beeindruckt.

Seit den frühen 70er Jahren, als die britische Firma Chubb mit ihrem »Pathfinder« die Gestaltung von FLF revolutionierte, gibt es kein anderes Löschfahrzeug, das auf so vollendete Weise Design und Funktionalität miteinander verbindet. Das, was Kristian Fenzl mit seinem Gestaltungsentwurf für ein großes FLF geschaffen hat, ist an Eleganz und ästhetischem Stilempfinden kaum noch zu überbieten. Und Rosenbauers Verdienst ist es, dieses Meisterstück technisch umgesetzt und realisiert zu haben. Die Kabine (Besatzung 1+3) und

der gesamte Aufbau sind aus glasfaserverstärktem Kunststoff (GFK) gefertigt, was eine beträchtliche Gewichtseinsparung ausmacht. Dadurch wird es möglich, größere Löschmittelmengen zu transportieren (bis zu 15.000 l), ohne das Einsatzgewicht von 36 t zu überschreiten. Als Besonderheit verfügt der »Panther« über eine Reifendruckablaßvorrichtung, eine Rückfahrkamera, eine Bildschirmanzeige im Fahrerhaus und programmierbare Steuerung der Monitore. Beide Monitore (Front und Dach) hat Rosenbauer speziell für den »Panther« neu entwickelt. Der Dachmonitor hat einen Ausstoß von 6000 l/Min, der Frontmonitor schafft 2500 l/Min. Die Pumpenanlage besteht aus der Rosenbauer-Pumpe R 600 (6000 l/Min), die von einem MAN-Diesel (311 PS) angetrieben wird, und einem Schaumzumischsystem des Typs RVMA 500, das eine Zumischung von 3 %, 6 % oder 8 % Schaum ermöglicht. Die obligatorischen Schnellangriffshaspeln (2x30m) und sieben Düsen für den Fahrzeugschutz komplettieren die löschtechnische Ausstattung. Auf Wunsch baut Rosenbauer im Fahrzeugheck eine Pulverlöschanlage für 250 kg oder 500 kg samt Faltschlauch und Schnellangriffspistole ein.

Der Prototyp des »Panther« von 1991 steht mittlerweile auf dem Flughafen in Genf. Drei weitere Fahrzeuge fertigt Rosenbauer 1992, ein Exemplar für Dresden und zwei für den Flughafen Leipzig/Halle. Seit Anfang 1993 stehen sie dort im Einsatzdienst. Äußerlich sind alle vier »Panther« gleich, lediglich die Rückstrahler sind bei dem Prototyp höher angeordnet als bei den Folgemodellen. Kleine Unterschiede gibt es indes in der Ausstattung. So besitzt der Prototyp keinen Lichtmast, während die Fahrzeuge für Leipzig und Dresden einen eingebauten Generator mit 8 KVA und einen auf 7m ausfahrbaren Lichtmast (4x1000 Watt) haben. Die 500-kg-Pulverlöschanlage der Leipziger Fahrzeuge fehlt beim Dresdner Exemplar. Die Löschmitteltanks sind bei allen drei ostdeutschen Fahrzeugen gleich: 10.000 l Wasser und 1300 l Schaummittel.

Zusätzlich zur vierachsigen Version des »Panther« hat Rosenbauer auch eine 4x4- und eine 6x6-Ausführung konzipiert. Ein Dreiachser ist derzeit in Bau. Er ist allerdings nicht für eine Feuerwehr bestimmt, sondern soll als Rallyefahrzeug eingesetzt werden!

Es bleibt abzuwarten, ob sich der »Panther« ebenso durchsetzen wird wie ehedem der »Simba«, der während der 80er Jahre konkurrenzlos war. Heute hingegen muß es der »Panther« mit dem Z8 und dem MANSK 14 aufnehmen, die immerhin auf der gleichen Grundlage, also dem gleichen Fahrgestell und dem gleichen Motor, entstehen, dem MAN 36.1000 VFAEG (8x8).

Angemessen in Pose gesetzt präsentiert sich der »Panther« von Rosenbauer. Das Meisterstück an Technik und Design basiert auf dem schweren MAN 36.1000 VFAEG (8x8). Der abgebildete Prototyp steht heute auf dem Flughafen Genf.

VII. Anhang

MAN-BUSSE IM DIENST DER FEUERWEHR

Der Omnibus ist nicht gerade ein typisches Feuerwehrfahrzeug, wenngleich es mittlerweile bei deutschen Feuerwehren eine ganze Reihe alter und neuer Busse im Einsatzdienst gibt. Man kann schon fast von einer deutschen Eigenart sprechen, denn bei ausländischen Feuerwehren sind Omnibusse recht selten anzutreffen. Besonders für drei Aufgabenbereiche werden die Busse gern eingesetzt: Großraumkrankenwagen, Mannschaftstransporter und mobile Einsatzleitstelle.

Die Verwendung von Omnibussen für Feuerwehraufgaben ist vergleichsweise neu. Zwar gibt es Kraftomnibusse bereits seit 1903, doch erst seit den 50er Jahren laufen einige Busse bei deutschen Berufsfeuerwehren. Vorher gab es schon Busse bei Hilfsorganisationen und Rettungsdiensten, und so findet man die ersten MAN-Busse als Einsatzfahrzeuge auch beim Deutschen Roten Kreuz.

Ab 1936 werden eine ganze Reihe Busse auf den MAN Z2 und D1 an das DRK geliefert. Die Langhauberbusse mit den 80/90-PS-Dieselmotoren werden von der Firma Miesen als Großkrankenwagen für Katastropheneinsätze (bzw. in Vorbereitung auf Kriegseinsätze) entsprechend ausgebaut. Es können 12 verletzte Personen auf Tragen oder 32 Personen auf Sitzen transportiert werden.

Die ersten Omnibusse, die bei deutschen Feuerwehren in den 50er Jahren eingesetzt werden, stammen von Büssing und Mercedes. Zwar baut auch MAN seit 1949 wieder Busse, zunächst auf den Lastwagenchassis MK 26 mit verlängertem Radstand, doch findet diese Übergangsbaureihe keine große Verbreitung.

1955 wechselt MAN vollständig zur Frontlenkerbauart bei Omnibussen, und 1957 wird der erste spezielle Stadtlinienbus für 45 sitzende und 47 stehende Passagiere konstruiert, der MAN 760 UO 1. Dieser Bus ist das Grundmodell für die während der 60er Jahre weitverbreiteten MAN-Linienbusse.

Der etwas kleinere MAN 640 HO ist ein Folgemodell, von dem zwischen 1959 und 1962 227 Exemplare gebaut werden. Er ist mit dem 135-PS-Motor D 0836 HM bestückt, hat einen Radstand von 4800 mm und eine Gesamtlänge von knapp 10 m bei einem Gewicht von 13,8 t. Ein solcher Bus aus dem Jahr 1960 läuft zunächst als Linienbus in München, bevor er vom Katastrophenschutzdienst zu einer mobilen Leitstelle für Großeinsätze und Katastrophen umgebaut wird. 1982, als der Katastrophenschutz einen neuen MAN-Bus erhält, wird das alte Fahrzeug an die FF Rosenheim abgegeben. Dort tut der MAN noch heute seinen Dienst als ELW 3.

Nachfolger des MAN 640 HO ist der ab 1963 gebaute MAN 535 HO, von dem insgesamt 463 Einheiten produziert werden. Lieferbar ist das für 11,6 t zugelassene Fahrgestell mit drei Motorvarianten mit 135 PS, 150 PS und 156 PS. Der Radstand ist wahlweise mit 4300 mm oder 5200 mm erhältlich. 1965 beschafft die BF Berlin einen MAN 535 HO Ü9 und läßt den Bus von der Firma Wollny zu einem Einsatzleitfahrzeug ausbauen. Der Berliner Bus war zuvor nicht als Linienbus eingesetzt, sondern geht fabrikneu an die Feuerwehr.

Der verbreitetste MAN-Bus der 60er Jahre ist der MAN 750 HO, der in immerhin 4566 Exemplaren gebaut wird. Der 16tonner mit Radständen von 4,8 m bis 6,1 m und Motoren von 156 PS bis 192 PS ist ein vertrauter Anblick in vielen deutschen Städten, wo einige Fahrzeuge noch bis in die 80er Jahre

fahren. So auch ein Bus der Verkehrsbetriebe Fulda aus dem Jahr 1966, der bis 1981 im Linienverkehr läuft. Anschließend kauft die FF Fulda das Fahrzeug für 7910,– DM und läßt es zu einem ELW 3 umbauen. Der ehemalige Fahrgastraum wird unterteilt in einen Versorgungsraum, einen Fernmelderaum in der Mitte und einen sogenannten Führungsraum im Heck des Busses. Der Versorgungsraum enthält eine Kochgelegenheit, einen Kühlschrank, eine Spüle, einen Stauraum sowie Geschirr, Kaffeemaschine und diverse Kleingeräte. Das eigentliche Zentrum des Busses ist der Fernmelderaum (Funkraum), in dem sich die gesamten kommunikationstechnischen Anlagen befinden. Die zwei Funktische

Bei der FF Rosenheim steht noch heute der alte MAN 640 HO aus dem Jahre 1960 als ELW im Einsatzdienst.

138

Die FF Fulda unterhält einen Stadtbus als ELW 3. Der MAN 750 H0-M 11 stammt aus dem Jahre 1966 und wird 1981 für den Feuerwehrdienst umgebaut.

Feuerwehr. So hat die BF Oberhausen zwei Stadtbusse MAN SL 200 aus den Jahren 1972 und 1979 für ihre Zwecke umgerüstet. Der erste Bus wird zu einem Großkrankentransportwagen mit Tragen umfunktioniert (inzwischen ist er schon ausgemustert), der zweite zu einem Mehrzweckbus. Die Aufgaben dieses 1991 beschafften Fahrzeugs sind im wesentlichen der Mannschaftstransport und die Aufnahme von Einsatzkräften oder evakuierten Personen bei Großbränden oder Katastrophen.

Einen MAN SL 200 aus dem Jahre 1974 besitzt seit September 1989 auch die BF Hagen. Dort wird der umgebaute Linienbus als ELW 3 eingesetzt. Die gleiche Aufgabe erfüllt auch der MAN SL 200 (Bj. 1976), der seit 1989 in der Feuerwehrtechnischen Zentrale des Landkreises Hameln-Pyrmont stationiert ist. Einst als Linienbus bei der KVG Hameln eingesetzt, wird der Bus von Schlingmann in eine mobile Leitstelle umgerüstet. Auch dieser 16 t schwere Bus ist, wie die meisten ELW 3, dreigeteilt in Führungsraum, Funkraum und Versorgungsraum. Die Anordnung der Räume ist indes anders als bei dem beschriebenen Fuldaer Fahrzeug, denn der Funkraum mit fünf Plätzen befindet sich im Heck des Busses, und der Besprechungsraum mit einem großen Tisch und zehn Sitzplätzen liegt in der Mitte des Fahrzeugs. Ansonsten unterscheidet sich die Grundausstattung und die Kommunikationstechnik kaum von der anderer ELW 3.

Als sich die BF Nürnberg zu Beginn der 80er Jahre nach einem neuen ELW 3 umschaut, entschließt man sich, nicht einen gebrauchten Linienbus zu beschaffen, sondern ein nagelneues Fahrzeug zu kaufen. Selbstverständlich muß es ein MAN sein, aber kein SL, sondern ein SÜ (Standard-Überlandbus) 240. Das 16 t schwere und 11,7 m lange Fahrzeug ist mit einem 240-PS-Dieselmotor ausgestattet und erreicht eine Höchstgeschwindigkeit von 97 km/h. Die Nürnberger lassen die Ein- und Umbauten von Bachert ausführen. Das komplette, ein-

enthalten mehrere Funkgeräte im 2-m- und 4-m-Band, Telefonnebenstellenanlagen, Gegensprechanlage, Kassettenrecorder, Radio, Alarmgeber und anderes mehr. Schließlich gibt es den Führungsraum, ein Besprechungsraum für Lagebesprechungen, der einen großen Tisch mit Sitzbänken drumherum hat sowie zwei Schränke, in den Projektor, Kopiergerät, Schreibmaschine, Videoanlage und Fachliteratur verstaut sind. Die »mobile Leitstelle Hessen-Ost«, wie der ELW 3 offiziell heißt, wird zwar von den Männern der FF Fulda besetzt, rückt aber im gesamten östlichen Hessen zu Großeinsätzen aus.

1968 entwirft MAN die dritte Generation der Linienbusse und baut einen Prototyp des SL 200 (Standard-Linienbus). Von 1972 bis 1987 produziert MAN die Typen SL 192, SL 195, SL 200 und SL 202 in fast 12.000 Einheiten. Einige Fahrzeuge dieser Busgeneration finden nach dem Einsatz im öffentlichen Nahverkehr weiterhin Verwendung bei der

satzfähige Fahrzeug kostet damals 650.000,– DM. Der neueste MAN-Bus in Feuerwehrdiensten befindet sich seit 1992 bei der FF Grevenbroich. Ein ehemaliger Linienbus des Typs S 80 wird von den Wehrmännern in Eigenarbeit zu einem Mehrzweckbus umgebaut.

Eingesetzt wird der 12 m lange Bus als Großraumrettungswagen mit zehn Tragen und elf Sitzplätzen oder als Aufenthaltsraum für Einsatzkräfte und evakuierte Personen mit 46 Sitzplätzen. Im hinteren Bereich des Innenraums sind Einbauschränke mit medizinischem Notfallgerät und Verbandsmaterial und in der Busmitte ein Kühlschrank und eine Spüle eingebaut.

Der MAN S 80 ist ein Prototyp, der nur in etwa zehn Exemplaren 1980 gebaut wird. Wenig später entsteht daraus das Serienmodell des Linienbusses SL 202. Der S 80 hat einen 11,4-l-Dieselmotor (240 PS bei 2200 U/Min) und erreicht eine Höchstgeschwindigkeit von 75 km/h. Das Fahrzeug aus Grevenbroich verfügt als einziges über Trommelbremsen, alle anderen Prototypen sind mit Scheibenbremsen ausgestattet.

Da MAN seit mehr als 25 Jahren einer der beiden führenden Buslieferanten deutscher Verkehrsbetriebe ist, werden sicher in den kommenden Jahren weitere ausgemusterte MAN-Linienbusse bei den Feuerwehren ein neues Einsatzgebiet finden.

Die Firma Schlingmann rüstet einen MAN SL 200 (Baujahr 1976) zu einem ELW 3 um. Seit 1989 ist der Bus in der Feuerwehrtechnischen Zentrale des Kreises Hameln-Pyrmont stationiert.

Die wichtigsten und gebräuchlichsten Dieselmotoren in MAN-Feuerwehrfahrzeugen von 1957 bis 1993

1. mittelschwere Haubenfahrzeuge:

Motortyp	Bauart	Hubraum	Bohrung x Hub	Leistung	Fahrgestelltyp/Baujahre
MAN D 0026 M1	6 Zylinder (Reihe)	5891 cm^3	100 x 125 mm	115 PS bei 2500 U/min	MAN 415 L1 1957–1962
					MAN 415 H(HA) 1962–1966
MAN D 0026 M2	6 Zylinder (Reihe)	5891 cm^3	100 x 125 mm	120 PS bei 2700 U/min	MAN 520 L1 1957–1962
					MAN 520 H(HA) 1962–1966
MAN D 0836 M2	6 Zylinder (Reihe)	7035 cm^3	108 x 128 mm	135 PS bei 2500 U/min	MAN 635 H(HA) 1962–1969
MAN D 0836 HM7	6 Zylinder (Reihe)	7035 cm^3	108 x 128 mm	150 PS bei 2500 U/min	MAN 450 H(HA) 1965–1972
MAN D 2555 M	5 Zylinder (Reihe)	9240 cm^3	125 x 150 mm	168 PS (124 KW) bei 2300 U/min	MAN 11.168 H(HA) 1972–1976
					MAN 13.168 H 1972–1976
MAN D 2555 MX	5 Zylinder (Reihe)	9204 cm^3	125 x 150 mm	192 PS (141 KW) bei 2300 U/min	MAN 11.192 H(HA) 1973–1976
					MAN 13.192 H 1973–1976
MAN D 2565 M/168	5 Zylinder (Reihe)	9511 cm^3	125 x 155 mm	168 PS (124 KW) bei 2200 U/min	MAN 11.168 H(HA) 1976–1981
					MAN 13.168 H 1976–1981
MAN D 25 65 M	5 Zylinder (Reihe)	9511 cm^3	125 x 155 mm	192 PS (141 KW) bei 2200 U/min	MAN 11.192 H(HA) 1976–1983
					MAN 13.192 H 1976–1983
MAN D 2566 M	6 Zylinder (Reihe)	11413 cm^3	125 x 155 mm	240 PS (177 KW) bei 2200 U/min	MAN 15.240 H + 16.240 H 1977–1981

2. mittelschwere und schwere Frontlenkerfahrzeuge

Motortyp	Bauart	Hubraum	Bohrung x Hub	Leistung	Fahrgestelltyp/Baujahre
MAN D 2565 M	5 Zylinder (Reihe)	9511 cm^3	125 x 155 mm	192 PS (141 KW) bei 2200 U/min	MAN 14.192 F 1979–1983
MAN D 2530 MXF	10 Zylinder (V-Form)	15953 cm^3	125 x 130 mm	320 PS (235 KW) bei 2500 U/min	MAN 26.320 DF(A) 1978–1983
MAN D 0226 MKF	6 Zylinder (Reihe)	5687 cm^3	102 x 116 mm	192 PS (141 KW) bei 2800 U/min	MAN 12.192 F(FA) 1983–1989
					MAN 14.192 F(FA) 1983–1989
MAN D 2566 MF	6 Zylinder (Reihe)	11413 cm^3	125 x 155 mm	240 PS (177 KW) bei 2200 U/min	MAN 26.240 DF (A) 1976–1982
					MAN 16.240 F(FA) 1979–1987
					MAN 17.240 F(FA) 1987–1989
MAN D 0826 LF	6 Zylinder (Reihe)	6870 cm^3	108 x 125 mm	230 PS (163 KW) bei 2400 U/min	MAN 12.232 F(FA) + 14.232 F(FA) seit 1987
					MAN 17.232 F(FA) + 18.232 F seit 1987

3. leichte Fahrzeuge der Gemeinschaftsbaureihe MAN/VW:

MAN D 0224 MF	4 Zylinder (Reihe)	3791 cm³	102 x 116 mm	90 PS (66 KW) bei 3000 U/min	MAN/VW 6.90 F 1980–1987 MAN/VW 8.90 F 1980–1987
MAN D 0226 MF	6 Zylinder (Reihe)	5687 cm³	102 x 116 mm	136 PS (100 KW) bei 3000 U/min	MAN/VW 8.136 F(AE) 1980–1987 MAN/VW 9.136 F(AE) 1980–1987
MAN D 0824 F	4 Zylinder (Reihe)	4580 cm³	108 x 125 mm	102 PS (75 KW) bei 2700 U/min	MAN/VW 6.100 F 1987–1993 MAN/VW 8.100 F 1987–1993
MAN D 0826 F	6 Zylinder (Reihe)	6870 cm³	108 x 125 mm	150 PS (110 KW) bei 2700 U/min (oder: 155 PS (114 KW) bei 20 % NO_x)	MAN/VW 8.150 F(AE) 1987–1993 MAN/VW 9.150 F(AE) 1987–1993

Liste der lieferbaren MAN-Fahrgestelle nach DIN-Norm 1992/93

Feuerwehr-Fahrzeugtyp	Besatzung	Typen-bezeichnung	Ges.-Gew. (t)	Fahr-gestelltyp	Rad-stand (mm)	Antriebs-art	KW	Fahrgest.-Leergew. (kg)
Löschgruppenfahrzeug DIN 14530								
Teil 7 mit Frontpumpe FP 8/8 + TS 8/8								
Standardbeladung nach Tabelle 1	1 + 8	LF 8	6,0[a]	6.100 F	3100	4 x 2	75	2510
Belad. Tab. 1 + 2 techn. Hilfeleistung	1 + 8	LF 8	6,8	6.100 F	3600	4 x 2	75	2565
ohne Spreizer und TS 8/8 bei R.3100			6,8	6.100 F	3100	4 x 2	75	2510
Belad. Tab. 1 + 2 techn. Hilfeleistung	1 + 8	LF 8	7,5	8.150 F	3600	4 x 2	114[c]	2865
wahlweise nach örtlichen Belangen			7,5	8.150 FAE	3500	4 x 4	114[c]	3620
ab 280 kg, mit oder ohne Wasser			9,0	9.150 FAE	3500	4 x 4	114	3710

Teil 5

Löschwassermenge 600 l	1 + 8	LF 8/6	7,5	8.150 F	3600	4 x 2	114	2865
	1 + 8	LF8/6	9,0	9.150 FAE	3500	4 x 4	114	3710

Teil 8 mit Frontpumpe FP 1 6/8 + TS 8/8

Standardbeladung n. Beladeplan 1	1 + 8	LF 16-TS/ZS	9,0	9.150 FAE	3500	4 x 4	114	3710

Tanklöschfahrzeug DIN 14530 Teil 18

Löschwassermenge 1800 l	1 + 2	TLF 8/18	7,5	8.150 F	3100	4 x 2	114[c]	2805
Löschwassermenge 2400 l		TLF 8/24	9,0	9.150 FAE	3100	4 x 4	114	3670

Teil 22

Löschwassermenge 2400 l		TLF 16/24	9,5	9.150 FAE	3100	4 x 4	114	3670

Trockenlöschfahrzeug DIN 14530

Trockenlöschfahrzeug DIN 14530	1 + 2	TroLF 750	7,5	8.150 F	3100	4 x 2	114[c]	2805
Teil 23			7,5	8.150 FAE	3100	4 x 4	114[c]	3580

Rüst- und Gerätewagen DIN 14555

Rüstwagen	1 + 2	RW 1/ZS	7,5	8.150 FAE	3100	4 x 4	114[c]	3580
Beladeplan 1 für techn. Hilfeleist. Teil 2	1 + 2	RW 1	9,0	9.150 FAE	3100	4 x 4	114	3670
Gerätewagenfür techn. Hilfeleist. Teil 10 E	1 + 1[b]	GW	6,0	6.100 F	3100	4 x 2	75	2510
Gerätewagen für Zusatzbeladung	1 + 1[b]	GW-Z	6,8	6.100 F	3100	4 x 2	75	2510
Gerätewagen für Atemschutz	1 + 1[b]	GW-A	9,0	9.150 F	4250	4 x 2	114	3025
Gerätewagen für Gefahrgut Teil 12	1 + 1	GW-GZ	9,0	9.150 F	4250	4 x 2	114	3025
Gerätewagen für Gefahrgut Teil 13	1 + 2	GW-G1	7,5	8.150 F	3600	4 x 2	114	2865

Schlauchwagen DIN 14565

Schlauchwagen DIN 14565	1 + 2	SW 2000-Tr	9,5	9.150 FAE	3900	4 x 4	114	3885

Drehleiter DIN 14701 Teil 2

Drehleiter DIN 14701 Teil 2	1 + 2	DL 12-9	9,0	9.150 F	3100	4 x 2	114	2895
	1 + 2	DLK 12-9	9,0	9.150 F	3600	4 x 2	114	2955

Wechsellader (DIN 14505)

Wechsellader (DIN 14505)	1 + 2	WLF	9,0	9.150 F	3600	4 x 2	114	2955
Container für techn. Hilfeleistung	1 + 2	WLF	10	10.150 F	4250	4 x 2	114	3090
Nachschub und Entsorgung								

[a] Unter bestimmten Voraussetzungen, je nach Vereinbarung
[b] Auf Wunsch, Ausrüstung für 1 + 2
[c] Die serienmäßige Motorleistung wird dem zul. Normwert angepaßt.
  Gewichtsklasse 7,5 t und Straßenantrieb auch mit 75 kW lieferbar.

Feuerwehr-Fahrzeugtyp	Besatzung	Typen-bezeichnung	Ges.-Gew. (t)	Fahr-gestelltyp	Rad-stand (mm)	Antriebs-art	KW	Fahrgest.-Leergew. (kg)
Löschhilfeleistungsfahrzeug/niedere Bauweise								
(DIN 14530) Löschwassermenge 1200 l	1 + 8	LHF 16	12	12.232 FA	3900	4 x 4	169	4880
Löschgruppenfahrzeug DIN 14530								
Teil 8 mit Frontpumpe FP 16/8 + TS 8/8	1 + 8	LF 16-TS	12	12.232 F	3700	4 x 2	169	4360
			12	12.232 FA	3625	4 x 4	169	4810
Teil 9 Löschwassermenge 1200 l	1 + 8	LF 16	12	12.232 F	3700	4 x 2	169	4360
Teil 11 Löschwassermenge 1200 l	1 + 8	LF 16/12	12	12.232 FA	3625	4 X 4	169	4810
Löschwassermenge 1200 l	1 + 8	LF 16	12	12.232 FA	3625	4 x 4	169	4810
Tanklöschfahrzeug DIN 14530 Teil 20								
Löschwassermenge 2500 l	1 + 5[b]	TLF 16	12	12.232 F	3700	4 x 2	169	4360
		TLF 16/25	12	12.232 FA	3625	4 x 4	169	4810
Trockentanklöschfahrzeug	1 + 5[b]	TroTLF 16	12	12.232 F	3700	4 x 2	169	4360
DIN 14530 Teil 28			12	12.232 FA	3625	4 x 4	169	4810
Rüstwagen DIN 14555 Teil 3								
Beladeplan 2 für technische Hilfeleistung	1 + 2	RW 2	12	12.232 FA	3625	4 x 4	169	4810
Gerätewagen für Atemschutz DIN 14555	1 + 1[c]	GW-A	12	12.232 F	4250	4 x 2	169	4420
Gerätewagen für Gefahrgut DIN 14555	1 + 1[c]	GW-G	12	12.232 F	4250	4 X 2	169	4420
Gerätewg. für Strahlenschutz DIN 14555	1 + 1[c]	GW-Str.	12	12.232 F	4250	4 x 2	169	4420
Gerätewg. für Wasserrettung DIN 14555	1 + 1[c]	GW-W	12	12.232 F	3700	4 x 2	169	4360
Drehleiter DIN 14701[a]	1 + 2	DL 18-12	12	12.232 F	3700	4 X 2	169	4360
	1 + 2	DLK 18-12	12	12.232 F	3700	4 X 2	169	4360
DIN 14701 Teil 1 + 2	1 + 2	DL 23-12	14	14.232 F	4400	4 x 2	169	4585
DIN 14701 Teil 1 + 2	1 + 2	DLK 23-12	14	14.232 F	4400	4 x 2	169	4585

[a] Drehleitern mit Norm-Bauhöhe. Auf Wunsch, niedere Bauweise.
[b] Mannschaftsraum für 1 + 8 geeignet.
[c] Auf Wunsch, Ausrüstung 1 + 2.
   Gewichtsklasse 12 t auch mit 140 kW lieferbar.

Feuerwehr-Fahrzeugtyp	Besatzung	Typen-bezeichnung	Ges.-Gew. (t)	Fahr-gestelltyp	Rad-stand (mm)	Antriebs-art	KW	Fahrgest.-Leergew. (kg)
Löschgruppenfahrzeug DIN 14530	1 + 8	LF 24	15	14.232 F	4400	4 x 2	169	4585
Teil 10 V Löschwassermenge 1600 l			16*	18.232 F	4500	4 x 2	169	5080
Tanklöschfahrzeug								
DIN 14530 Teil 21 E	1 + 2	TLF 24	16*	18.232 F	3900	4 x 2	169	5020
Löschwassermenge 4800 l			16*	17.232 FA	3900	4 x 4	169	5570
Rüstwagen (DIN 14555 Teil 4 V)	1 + 2	RW 3	16*	17.232 FA	3900	4 x 4	169	5570
Beladeplan 3 f. techn. Hilfeleistung	1 + 5[a]	RW 3-St	16*	17.232 FA	3900	4 X 4	169	5570
Wechsellader DIN 14505	1 + 2	WLF	16*	18.232 F	4500	4 x 2	169	5080
Container für techn. Hilfeleistung			17	18.272 F	4500	4 x 2	235	6270
Nachschub und Entsorgung								

[a] Mannschaftsraum für 1 + 8 geeignet.
* Gewichtsklasse 16 t auch mit anderen Motorleistungen lieferbar.

MAN-FAHRGESTELLKÜRZEL
A = Allrad
B = Blattfederung
D = Dreiachser
E = Einzelbereifung
F = Frontlenker
G = Geländefahrzeug
H = Haubenfahrzeug
K = Kipper
L = Luftfederung
N = Nachlaufachse
S = Sattelzugmaschine
U = Unterflurmotor
V = Vierachser
DL = Drehleiterfahrgestell
LF = Löschfahrzeugfahrgestell

LITERATUR:

BÜCHER UND BROSCHÜREN
Stadt Chemnitz (Hrsg.).:
125 Jahre Berufsfeuerwehr Chemnitz 1866 bis 1991.
Chemnitz 1991
Paul Friedmann:
Der Lastkraftwagen. Berlin 1926
Manfred Gihl:
Handbuch der Feuerwehrfahrzeugtechnik.
Stuttgart 1987
Wolfgang Gebhardt:
Taschenbuch deutscher LKW-Bau 1918–1945.
Bd. 2b. Stuttgart 1989
M.A.N. AG (Hrsg.):
25 Jahre M.A.N. Diesel-Kraftwagen 1924–1949.
Nürnberg 1950
MAN Nutzfahrzeuge AG (Hrsg.):
Leistung und Weg. Berlin und Heidelberg 1991
K. Oechsler/B. Franta/J. Wegener:
Feuerwehren in Nürnberg. Nürnberg 1984

Werner Oswald:
Lastwagen, Lieferwagen, Transporter 1945–1988.
Stuttgart 1989
Udo Paulitz:
Alte Feuerwehren. Bd. 2. Stuttgart 1990
Bd. 3. Stuttgart 1991

ZEITSCHRIFTEN:
MAN-Magazin
Lastauto und Omnibus
Das Lastauto
Historischer Kraftverkehr
Feuer und Wasser
Feuerschutz
Brandschutz
112–Magazin der Feuerwehr
Brandvaern
Blaulicht Magazin
Brekina Autoheft